LES FOUS,

LES INSENSÉS, LES MANIAQUES

ET LES FRÉNÉTIQUES

NE SERAIENT-ILS

QUE DES SOMNAMBULES DÉSORDONNÉS ?

LES FOUS,

LES INSENSÉS, LES MANIAQUES

ET LES FRÉNÉTIQUES

NE SERAIENT-ILS

QUE DES

SOMNAMBULES DÉSORDONNÉS?

PAR A. M. J. CHASTENET DE PUYSÉGUR,
ANCIEN OFFICIER GÉNÉRAL D'ARTILLERIE.

~~~~~~~

PARIS,

J. G. DENTU, IMPRIMEUR-LIBRAIRE,
Rue du Pont de Lodi, n° 3, près le Pont-Neuf.
1812.
~~~~~~~

AVANT-PROPOS.

Je ne comptais publier de nouvelles observations sur les phénomènes résultant du magnétisme de l'homme que dans deux ans. L'éveil à l'attention des savans physiciens et autres, que mes derniers Mémoires avaient produit, me faisait espérer que plusieurs d'entre eux se seraient, à cette époque, convaincus de leur réalité par l'essai qu'ils auraient fait de leur puissance ou faculté magnétique, et qu'alors ce que je publierais sur une aussi intéressante matière, ne serait plus qu'une confirmation de tout ce qu'ils auraient eux – mêmes observé et obtenu; mais c'est une réflexion douloureuse à faire, que les Français qui, si avides de gloire, si bouillans d'honneur, et qui, sous la conduite du plus grand des guerriers, se trouvent toujours les premiers où le danger (plus il leur paraît imminent) leur fait envisager de plus éclatans succès, soient toujours les derniers à accueillir ou favoriser ce qui exige, pour être justement apprécié, de longues recherches et de profondes méditations. Tels ils sont aujourd'hui, tels au reste ils ont toujours été ; et Voltaire, qui les connaissait bien, s'en plaignait fort plaisamment, lorsqu'il écrivait à M. Falkner à l'occasion de la philosophie de Newton.

« On croit, *lui mandait-il,* que les « Français aiment la nouveauté, mais « c'est en fait de cuisine et de mode ; « car pour les vérités nouvelles, elles « sont toujours proscrites parmi nous ; « ce n'est que lorsqu'elles sont vieilles « qu'elles sont bien reçues...... »

(iij)

Nous n'attachons pas plus, de prix
en effet aujourd'hui que de son temps
aux succès purement scientifiques. Que
ce soient été Pierre ou Paul, Archi-
mède ou Newton, Inghénouse ou
Priestley, qui nous aient appris à cal-
culer le retour des planètes, à mesu-
rer le diamètre de la terre, à déter-
miner le poids ou à séparer les parties
constitutives des fluides alimentaires
de la vie, cela nous est fort égal ; le
domaine de l'esprit est le seul dans lequel nous trouvions des jouissances, et
nous y avons, au fait, eu d'assez belles
récoltes, pour être en droit de nous
en glorifier. Mais lorsqu'avec tout au-
tant d'inconséquence et de légèreté
que ses compatriotes, un Français s'a-
vise par hasard d'observer, de réflé-
chir et de penser, faut-il donc absolu-
ment en conclure qu'il n'est qu'un sot,
ou, pour le traiter avec plus d'indul-

gence, qu'il n'est qu'un enthousiaste ou un fou ? Est-ce donc fausser compagnie, abjurer l'esprit national, que de persévérer à dire et à répéter pendant trente ans, qu'un fait est vrai par la raison que chaque jour on le voit, on l'examine, on le produit ; et bien plus, parce qu'on le fait voir, examiner et produire à quiconque a la curiosité de le constater. Je dois cependant convenir d'une chose, c'est qu'il n'est presque plus ridicule à Paris aujourd'hui de croire au magnétisme, et c'est avoir certainement beaucoup gagné, car lorsque le ridicule cesse d'exercer sur un homme en France son absorbante influence, on est bien près de lui donner gain de cause : malgré cela, je ne répondrais cependant pas que les Français, tout en apercevant enfin le but où je veux les amener, ne fussent encore les derniers à s'y rendre ; ils

(v)

ont tant dit que l'aimant animal n'existait pas, qu'il leur faut faire un terrible sacrifice d'amour-propre avant de le reconnaître; eh puis, c'est si anti-français de revenir sur ses pas, si peu divertissant de reconnaître avoir eu tort, si raisonnable enfin d'en convenir, qu'il est tout simple qu'une vérité de telle importance qu'elle soit, ne nous convienne point à ce prix... Heureusement pour les progrès du magnétisme, les savans Italiens, Anglais et Allemands, ne se trouvent pas dans un pareil embarras. Circonspects et prudens, et ne s'étant point d'avance enthousiasmés pour la découverte du docteur Mesmer, ils ont sagement attendu qu'elle leur présentât, dans ses manifestations, des phénomènes qui puissent se lier et s'accorder avec leurs antécédens aperçus. Le décret rendu par la Faculté de Berlin, portant que *les*

(vj)

médecins seraient à l'avenir, sinon les seuls qui magnétisassent (ce qui ne saurait s'exiger), *au moins les seuls qui pussent professer et pratiquer ostensiblement le magnétisme ,* est un présage assuré du triomphe prochain de cette grande vérité.

Comme le traitement que je viens d'entreprendre d'un jeune malade attaqué de vertiges et de frénésie, semble présenter une suite de faits intéressans de somnambulisme , je me suis déterminé à en publier le journal , mois par mois, tant que durera ledit traitement, et jusqu'au terme de guérison pressenti et annoncé par le petit malade lui-même. Que doit importer aux amis de la vérité, que de si curieux et intéressans phénomènes s'accordent ou ne s'accordent pas avec les précédens aperçus des physiologistes, et médecins tant anciens que modernes ; si

(vij)

la faculté magnétique de l'homme est réelle, s'il est une fois prouvé que l'exercice de cette faculté puisse être utile et salutaire à l'humanité, de deux choses l'une, ou les systèmes et les théories scientifiques actuels doivent servir à en expliquer le mécanisme et la cause, ou s'ils ne le peuvent, il faut tous les refondre pour les faire reparaître enrichis de tout l'éclat d'une si grande vérité.

Attestation donnée par M. Hébert le père, de l'état de son fils.

Je soussigné déclare que le nommé Alexandre-Martin-Stanislas Hébert, l'un de mes enfans, âgé de 12 ans et demi, a subi environ à l'âge de 4 ans, une opération chirurgicale, pour un abcès ou dépôt qui lui est survenu au sommet de la tête; que depuis cet instant il s'est bien porté, à l'exception d'un tremblement presque continuel, mais peu sensible, accompagné de fréquens maux de tête; que dans les diverses pensions où je l'ai placé, son extrême légèreté, joint à une grande pétulance, ont toujours nui à ses progrès. Qu'au mois d'octobre dernier, il a éprouvé une forte attaque nerveuse, avec de violens maux de tête et le délire; qu'environ trois semaines après, il lui prit un tel besoin de pleurer sans cause connue, qu'on ne put parvenir à l'appaiser; que huit ou neuf mois se sont ensuite écoulés dans un état apparent de santé; mais que depuis le 15 juillet dernier, il est sujet à des crises ou attaques plus ou moins longues et fréquentes, ainsi qu'à un somnambulisme presque habituel; et enfin, qu'il ne paraît pas conserver le souvenir de ses accidens, jouissant hors de cet état de toutes ses facultés.

En foi de quoi j'ai signé la présente attestation à Soissons, le onze août mil huit cent douze.

HÉBERT.

ATTAQUES

DE VERTIGES, DE RAGE

ET DE FRÉNÉSIE,

ARRÊTÉES ET SUSPENDUES PAR L'INFLUENCE
MAGNÉTIQUE ANIMAL,

Et dont les retours, ainsi que l'époque de la guérison, sont pressentis et annoncés par le malade lui-même, dans l'état de somnambulisme.

~~~~~~~~~~~~~~~~~~~~~~~~~~~~~~

JEUNE GARÇON DE DOUZE ANS, SUJET A DES
ACCÈS DE RAGE ET DE FRÉNÉSIE.

LE nommé Alexandre Hébert, fils d'un horloger de Soissons, était depuis six mois en pension chez monsieur le curé de Busancy; son père, qui l'avait précédemment mis dans différentes pensions, et notamment à la maîtrise de la cathédrale de Soissons, avait été obligé de l'en retirer à cause de ses maux, alors indéfinissables et presque habituels.

Depuis son séjour à la campagne, monsieur
~~~~~~~~~~~~~~~~~~~~~~~~~~~~~~

le curé de Busancy l'avait bien vu souvent pleurer sans cause, et gémir en se frappant la tête ; mais comme on lui avait laissé ignorer la susceptibilité nerveuse de cet enfant, il avait toujours attribué ses agitations et ses plaintes à son défaut d'intelligence ou à son manque d'application. Une forte crise, ressemblant à une attaque de nerfs, que le jeune Alexandre eut dans l'église de Busancy, à l'issue de la messe, commença à éclairer le curé sur la cause de ses continuels gémissemens ; et quelques jours après, une seconde, plus forte encore que la première, lui ayant fait craindre qu'il ne fût épileptique, il se détermina à en écrire à son père, qui sur-le-champ vint à Busancy. Celui-ci avoua bien qu'en effet son fils avait eu souvent dans les différentes pensions où il l'avait mis, des agitations de nerfs fort extraordinaires ; qu'il était bien vrai que souvent il pleurait sans que l'on en pût savoir, ni sans que lui-même en pût expliquer la cause ; mais qu'il n'avait jamais soupçonné que son enfant fût épileptique....

Le 16 juin.

Alexandre eut une troisième attaque, plus longue que les deux autres ; et ce fut le lendemain que, compâtissant aux alarmes du curé, j'allai le magnétiser.

Dès cette première fois, ce jeune malade ressentit l'influence de mon action magné-tique ; ses yeux se fermèrent, et il resta près d'un quart-d'heure dans une immobilité par-faite. Trois jours de suite il ressentit les mêmes effets, sans que je m'imaginasse qu'il fût somnambule, et sans que je m'avisasse par conséquent de lui parler.

Le 20.

Il eut à quatre heures du soir une troisième attaque de deux heures de durée, et comme on ne vint pas m'en informer, ce ne fut qu'à sept heures du soir que j'allai le magnétiser; lorsqu'il fut endormi, je m'avisai cependant cette fois de le questionner.

Comment vous trouvez-vous ? — Point de réponse.

Vous faisais-je du bien ? — Pas un mot.

Et comme je ne savais pas son nom, je le demandai; alors je l'appelai *Alexandre*; il ma-nifesta m'avoir entendu, et à ma seconde in-terpellation, il me répondit : — Monsieur.

Etes-vous bien comme cela ? — Oui.

Vous êtes donc bien aise que je vous magnétise ? — Oui.

Et croyez-vous que je pourrai vous guérir? — Non.

Comment non? Mais puisque je vous fais du bien, que vous êtes content de l'effet que je produis sur vous, comment pouvez-vous croire ne pas guérir? — Non, je ne guérirai pas.

Eh bien! moi, je crois le contraire, vous guérirez, nous en trouverons les moyens, nous les chercherons ensemble, n'est-ce pas? —Point de réponse.—Est-ce que vous ne seriez pas bien content d'être guéri? — Ci-fait, mais cela ne se peut pas.

J'observe que ce jeune garçon, qui, dans son état ordinaire, n'a aucun souvenir de ses crises, de ses pleurs, de ses maux de tête et de ses convulsions, se les rappelle parfaitement, et peut en rendre un compte très-clair dans le somnambulisme magnétique. Voici comme ces accès se manifestent. D'abord il se plaint et gémit; on croirait qu'il pleure amèrement, et cependant il ne jette pas une seule larme. Bientôt il se frappe la tête, semble en souffrir extrêmement, et sitôt qu'on le touche pour le secourir, il entre dans des convul-

sions, ou plutôt des agitations, et des soubre-
sauts tels, que deux personnes ont grand'
peine à le contenir, et à l'empêcher de se
frapper la tête contre les murs. Une fois la
crise passée, il n'en conserve qu'une faible
courbature, reprend un air riant et serein,
et n'a aucun souvenir de rien de ce qui lui est
arrivé.

Entr'autres questions, je lui fis celle-ci :
Voyez-vous quand votre première attaque
vous prendra? — Oui, dans huit jours. — Et
à quelle heure? — A quatre heures.

Ayant ensuite cessé de m'occuper de lui,
il se réveilla sans ma participation.

Le 22.

Comptant sur l'exactitude de son annonce
de la veille, je projetais de ne l'aller magnétiser que dans la soirée, lorsqu'à dix heures on
vint m'annoncer que le jeune Alexandre était
tombé dans un violent accès de son mal. Je
cours au presbytère, et trouve le curé fort
péniblement occupé à le maintenir sur un
lit. Sa crise, me dit-il, était plus forte que
les précédentes. Outre ses cris et ses agitations, il mordait ses draps, son traversin,
et voulait même mordre les personnes qui

le contenaient ; j'invite tout le monde à s'é-
loigner, et à le laisser à ma seule disposition.
Comme sa crise nerveuse était commencée,
je m'attendais, je l'avoue, à avoir besoin de
beaucoup de peine et de temps pour le calmer ; mais je n'eus pas plutôt mis ma main à
quelque distance au-dessus de sa tête, qu'à
ma grande surprise, je le vis se tranquilliser
totalement ; plus de plainte, aucun mouvement ; étendu sur son lit, il semblait s'y être
endormi paisiblement. Petit à petit, il sortit
de sa stupeur, s'appuya sur son coude ; ses
yeux fixes ne distinguaient encore rien ; sitôt
qu'il m'aperçut, il témoigna de la honte, et
d'un air timide, il s'en fut à sa table re-
prendre le livre qui l'avait précédemment
occupé.

Le soir, j'allai le magnétiser ; sitôt qu'il fut
en somnambulisme, je lui fit ces questions.

Pourquoi donc avez-vous eu votre attaque
aujourd'hui, après m'avoir dit hier que vous
ne l'auriez que dans huit jours ?

— Je n'en sais rien.

Qui vous à fait me répondre ainsi ?

— Je ne sais.

Je ne dois donc pas croire un mot de ce
que vous me dites, puisque vous vous trompez

ainsi ; c'est peut-être paresse de votre part. Au reste, allons, tâchez de regarder votre tête et l'intérieur de votre corps avec plus d'attention ; n'allons pas à huit jours. Voyons, aurez-vous bientôt une autre attaque de votre mal... Silence.

Eh bien ! pouvez-vous répondre à cela ? — Oui.

Aurez-vous bientôt une attaque ? — Oui.

Et quand ? — Demain.

Mais en êtes-vous bien sûr ? Allons, ne vous trompez plus. (*Avec impatience.*) Je vous dis que je l'aurai demain.

Et à quelle heure ? — A quatre heures après-midi, et elle sera plus forte qu'aujour-d'hui.

Si je vous magnétisais avant l'heure de votre attaque, pourrais-je l'empêcher de venir ?

— Non, vous ne pouvez pas l'empêcher.

Il est donc inutile que je vous touche ?

— Ci-fait, mais quand elle sera commencée.

Et arrêterai-je votre crise ?

— Oui, comme aujourd'hui.

Tout cela est-il sûr ? puis-je y compter ?

— Cela arrivera comme je vous le dis.

Lui ayant ensuite demandé combien il voulait rester de temps en état magnétique, et sa réponse ayant été un quart-d'heure, je le réveillai lorsqu'il fut écoulé.

Le 23.

J'ai magnétisé ce matin Alexandre, dans la vue de m'entendre confirmer par lui sa prévision d'hier soir ; il me l'a confirmée ; son attaque lui prendra à quatre heures ; je dois, m'a-t-il dit, la laisser commencer ; et ne le magnétiser qu'au bout de trois à quatre minutes.

A quatre heures moins un quart j'étais chez monsieur le curé, avec plusieurs personnes curieuses d'observer ce qui se passerait. De la salle où nous étions, nous pouvions entendre le moindre bruit que ferait le malade.

A quatre heures précises l'attaque se manifeste par des plaintes. Le curé entre, et nous vient dire que l'enfant gémit et se frappe la tête. Nous entrons tous, deux personnes se saisissent de lui et le mettent sur son lit, où bientôt il s'agite et se débat violemment ; mais il ne se contentait pas cette fois de mordre ses draps et son traversin, on voyait clairement qu'il voulait mordre aussi les personnes qui le contenaient, et c'était avec beaucoup de peine et en l'assujettissant par le derrière du collet de son habit, qu'elles s'en pouvaient garantir. Les quatre minutes écoulées, je m'approche, fais retirer tout le monde, étends ma main au-dessus de lui; et aussi instantanément que la veille, ses cris cessent, son agitation s'appaise, et il entre dans le sommeil magnétique le plus calme possible.

Etes-vous bien à présent, lui demandai-je?
— Oui.

Vous ai-je magnétisé à temps? — Oui, il ne fallait pas plus tarder.

Voyez-vous bien aujourd'hui la cause du mal que vous ressentez?

— Je l'ai vue hier comme aujourd'hui; c'est l'opération qu'on m'a faite à la tête.

Est-ce que l'opération du trepan (je croyais qu'il avait été trépané) n'a pas été bien faite? — On m'a dérangé la cervelle.

On a donc eu tort de faire cette opération? — Si on ne l'eût pas faite, je serais mort.

Quel mal aviez-vous donc? — Un dépôt d'humeur qu'il fallait ôter.

Mais il y a long-temps, m'a-t-on dit, que l'on vous a opéré; comment se fait-il que vous

2

ne ressentiez que depuis peu les suites de cette opération ?

—J'ai toujours souffert, mais cela augmente depuis huit mois.

Regardez bien l'intérieur de votre tête aujourd'hui, et dites-moi si vous pouvez guérir ?
— Non, cela ne se peut pas.

Et moi je vous dis que vous devez guérir, il doit y avoir des moyens pour cela, et dans l'état où vous voilà vous devez les connaître.

Alors avec impatience, et comme s'il eût été fatigué de mes questions, il éleva la voix et prononça vivement : — Il n'y pas de moyens.

Que doit-il donc résulter de vos terribles attaques ? — Que j'en mourrai.

Vous en prenez votre parti bien tranquillement?—Que faire, si le bon Dieu le veut ainsi.

Allons, c'en est assez, nous reparlerons de cela une autre fois. A présent, dites-moi quand votre première attaque vous reprendra. — Demain, à neuf heures du matin, et elle sera plus forte qu'aujourd'hui.

Faudra - il encore la laisser commencer avant de vous magnétiser ? — Oui, comme vous avez fait aujourd'hui, deux ou trois minutes.

Mais si pendant ce temps vous alliez mordre les personnes qui prennent soin de vous ?

— Il faut que l'on s'en donne de garde.

Est-ce que votre morsure serait dangereuse ?

— Très-dangereuse ; il faudrait couper la partie mordue.

Mais, cela est très-effrayant ; comment donc faire, et quelle précaution prendre pour s'en garantir ?

— Il ne faut ni m'approcher, ni me toucher, il faut me laisser à la place où mon mal me prend.

Votre mal est donc une sorte de rage ? — Oui, mais en ne me touchant pas, il n'y a pas de risque.

Fort bien. Mais, si l'on ne vous contenait pas, cependant, ne pourriez-vous pas vous blesser ?

— Je me frapperais la tête contre les murs et je me tuerais ; mais le magnétisme arrêtera toujours mon mal.

Après le quart-d'heure passé, il s'est réveillé ; a été un peu honteux de voir tant de monde autour de lui, mais il ne conservait

ni souvenir, ni aucune impression de ses souf-
frances.

J'avais fait prévenir le 24 M. Hébert, horloger à Soissons, père d'Alexandre, ainsi que
M. Godel, médecin, de venir à Busancy,
pour y être témoins de l'accès de neuf heures.
A huit heures trois quarts, nous étions tous
au presbytère, et le petit garçon, dans une
salle au-dessus de nous, ne nous avait probablement pas vus entrer. Au premier coup
du timbre de la pendule sonnant neuf heures,
nous entendîmes ses plaintes ; nous montons
à l'instant, et nous le trouvons devant sa
table, la tête appuyée sur ses mains, et se
la frappant de manière à dénoter clairement
le mal qu'il y ressentait. Bientôt ses gémissemens redoublent, les apparences de son
accès de rage se manifestent, et comme personne ne l'avait touché ni ne s'en était ap-
proché, il se met à mordre ses livres et la table devant laquelle il était assis. Je laissai
s'écouler trois minutes, après lesquelles je
m'approchai de lui, étendis ma main au-
dessus de sa tête, et aussitôt toutes ses agitations se calmèrent en entrant dans le paisible sommeil magnétique.

Comme il était dans une embrâsure de

fenêtre, je le pris alors par le bras et le fis
aller s'asseoir sur une chaise plus commodé-
ment placée ; l'ayant mis ensuite en commu-
nication avec le médecin, ce dernier lui fit
les questions suivantes :

Où est la cause de votre mal ?—Dans la tête.

Depuis quand en souffrez-vous ?—Depuis
une opération que l'on m'y a faite. *Son père
nous dit que c'était à Guise, où il demeurait
alors, il y a de cela sept à huit ans.*

Quelle opération vous a-t-on faite ? — On
a ouvert un dépôt.

Ce dépôt s'était-il formé de lui-même ou
par accident ? — Par accident ; c'était la suite
d'un coup que je m'étais donné en me rele-
vant.

Combien ce dépôt a-t-il mis de temps à se
former ?

—Huit mois. *Son père nous dit qu'en effet ce
dépôt avait été très-long-temps à croître, jusqu'au
moment où étant devenu très-prédominant, il
s'était déterminé à le faire opérer.*

Vous a-t-on trépané ?—On m'a ôté de la
cervelle. *Son père nous dit que ce n'était pas
l'opération du trépan qu'Alexandre avait subie,
mais seulement l'extirpation du dépôt par des
instrumens incisifs, comme bistouri, lancettes, etc.*

Mais, lui dit le médecin, si l'on vous avait attaqué ou dérangé la cervelle, vous en seriez mort. — J'en mourrai aussi.

Ah ! Ah !.... Eh, savez-vous avec quel instrument on a opéré votre dépôt ? — Il était long comme cela, *en montrant la longueur d'une phalange de son doigt.*

Le dépôt n'était-il qu'extérieur ? — Extérieur et intérieur.—Vinrent après les mêmes questions à-peu-près que je lui avait faites les jours précédens, puis le médecin continua ainsi :

Est-ce qu'il n'y aurait pas quelques moyens à employer pour aider à votre guérison ? — Je ne sais pas.

Regardez-y ; moi, je pense que des bains vous seraient favorables : qu'en dites - vous ? — Ils me feraient du bien.

Vous les faut-il chauds ou froids ?—Froids.

Et combien ? — Huit ou dix.

Faut-il vous baigner jusqu'au cou ? — Non, seulement jusque-là , *montrant le dessous des seins.*

Quand voulez-vous commencer à les prendre ? —Mardi. *Nous étions au vendredi.*

Et vous purger, cela ne vous serait-il pas aussi nécessaire ? — Oui.

Avant ou après les bains?—Après les bains.

Avec quoi faudra-t-il vous purger?—Avec ce qu'on voudra.

Alors, comme par curiosité d'éprouver la lucidité du malade, le médecin lui demanda : Voyons, il y a en médecine la scammonée, par exemple, le jalap ; avec laquelle de ces deux médecines voulez-vous être purgé ? — Avec du jalap.

Est-ce que vous savez ce que c'est que du jalap. — Non.

J'observai alors à M. Godel que toutes les réponses que le jeune Alexandre venait de lui faire sur les moyens médicaux à employer, pourraient bien ne lui avoir point été dictées par son instinct somnambulique, mais seulement par l'impulsion de sa pensée à lui médecin. Il est certain, me répondit-il, qu'en lui faisant ma seconde question, je savais fort bien que la scammonée n'était point un purgatif ; mais comment a-t-il choisi le jalap, qu'il ne connaît pas davantage?—Parce que vous, Monsieur, en savez parfaitement l'usage et la vertu, et qu'alors il se pourrait qu'il n'eût fait que vous réflecter votre propre opinion. Peut-être en a-t-il été de même des bains; je ne l'assurerais pas, car je les crois, comme vous, très-favorables à son état, mais c'est ce que le temps m'apprendra, lorsque dans le cours de son traitement, sur ma seule question : *Avez-vous quelque chose à vous ordonner pour votre santé,* il me les redemandera.

Comme le quart - d'heure allait s'écouler, je m'empressai de lui demander quand arriverait son premier accès.

— Dans huit jours; vendredi prochain, à dix heures précises.

Et vous croyez, lui dit encore le médecin, qu'il n'y a point en médecine de moyens de vous guérir ? — Non, il n'y en a point.

Et le magnétisme ? — C'est différent, le magnétisme me fait du bien.

Le magnétisme dites - vous ? Qu'entendez-vous par ce mot là ? Qu'est-ce que c'est que le magnétisme ? — C'est ce que me fait M. de Puységur.

Et que vous fait-il ?—Il me cause un grand mouvement dans le corps et aussi dans la tête.

Que se passe-t-il donc dans votre tête ? — C'est comme du feu qui part de là (*portant sa main sur sa tête*), et qui se répand sur les yeux.

(25)

Votre cerveau est-il comprimé ? — Oui, il l'est par suite de l'opération. (Le médecin reconnut au tact une cavité au sommet de sa tête.)

Allons, repris-je, puisque vous dites que le magnétisme vous fait du bien, cela me donne l'espoir de vous guérir. *Après un peu de silence* : — Ah ! c'est que ce sera bien long.

Combien de temps ? — Un an.

Eh bien, cela ne m'effraie pas, nous trouverons peut-être ensemble, d'ailleurs, des moyens de rapprocher cette époque ; en tout cas nous nous arrangerons. Comme le quart-d'heure était écoulé, je le réveillai.

Ainsi donc voilà un enfant qui, après m'avoir effrayé par sa première réponse, *il n'y a pas de moyen de me guérir*, me tranquillise ensuite aussitôt qu'il ressent l'impression de ma bienveillance pour lui ; après avoir vu que les moyens médicaux sont inutiles au soulagement de ses maux, il ne se hasarde à prononcer que le magnétisme peut lui être favorable, qu'après s'être pleinement rassuré sur l'espèce d'impossibilité qu'il avait trouvée d'abord à ce que je *voulus* bien employer à sa guérison ce seul moyen de l'opérer.

Le vendredi 31 *juillet.*

Le petit Hébert m'ayant dit qu'il fallait ne jamais être deux jours sans le magnétiser, je l'ai magnétisé quatre fois durant les huit jours qui viennent de s'écouler, et à chaque séance il m'a confirmé le retour de ses attaques pour aujourd'hui dix heures du matin.

Parmi les réponses qu'il m'a faites pendant ses divers sommeils magnétiques, j'ai dû remarquer les suivantes :

M. le curé de Busancy m'avait dit qu'Alexandre se levait de son lit pendant la nuit, se promenait plus ou moins long-temps dans sa chambre, puis se recouchait tranquillement ; il m'avait dit de plus qu'il l'éveillait précédemment très - facilement le matin à quelqu'heure que ce fût, mais que depuis huit à dix jours il n'y pouvait parvenir qu'après l'avoir appelé et sécoué pendant quelquefois plus d'un quart-d'heure.

Je demandai donc à Alexandre la cause de ces deux particularités ; à ma première question, s'il était vrai qu'il fût la nuit somnambule naturel, et dans ce cas quel en était la cause, il me répondit : C'est mon mal qui me force à me lever et à marcher la nuit en dormant ; cela me dure chaque fois environ dix minutes, il faut me laisser tranquille, et sur-tout ne pas me toucher dans ces momens-là ; car si l'on m'éveillait, j'aurais un saisissement, et mon mal me prendrait.

Doit-on fermer les portes? Y a-t-il à craindre que vous ne vous jetiez par la fenêtre ? etc. —Je ne me ferai jamais de mal si l'on me laisse tranquille sans me toucher. Si je trouvais la porte ouverte, je descendrais dans la cour et remonterais tranquillement me mettre dans mon lit; mais on fait bien de fermer la porte.

A ma seconde question pourquoi l'on avait à présent tant de peine à l'éveiller, toujours cette même réponse : C'est mon mal qui est cause de cela.

Est-ce qu'il faudrait vous laisser dormir plus long-temps? —Oui, jusqu'à neuf heures, neuf heures et demie. *Ce matin il a été réveillé sur-le-champ à neuf heures un quart.*

A dix heures moins un quart j'ai fait venir le petit Alexandre au château, et pour le fixer à une table, j'ai fait apporter dans une salle à portée du salon, deux volumes des planches de l'Encyclopédie, qu'il s'est fort amusé à examiner avec un jeune garçon de son âge....

Dix heures sonnent et nous n'entendons rien ; l'un de nous va voir ce qui se passe ; le petit garçon riait et causait avec son jeune camarade de tout ce qu'il voyait. Monsieur et madame Hébert, ses père et mère, ainsi que M. le docteur Godel, étaient venus pour être témoins de l'accomplissement de sa prévision. Un quart-d'heure, une demi-heure se passent, point d'apparence de mal.... C'est peut-être, dit quelqu'un, parce qu'on l'a laissé dormir jusqu'à neuf heures. Le médecin dit : Si les pronostics des somnambules se vérifient comme on l'assure, il se pourrait qu'une affection nerveuse de la nature de celle dont cet enfant est attaqué, se soit dissipée d'elle-même par la distraction : chacun enfin, selon sa manière d'en juger, expliquait l'inexactitude de sa prévision ; quant à moi, je n'étais qu'étonné de ce qu'elle ne s'accomplissait pas. Nous allons, dis-je, au reste, savoir bientôt par l'enfant même, la cause de ce mécompte. Je le fis donc venir et le magnétisai. A l'approche seule de ma main il fut endormi comme les autres fois.

Eh bien mon petit ami, lui dis-je, vous n'avez donc pas eu l'attaque de votre mal aujourd'hui, comme vous me l'aviez annoncé hier encore?—Non, Monsieur, et je ne l'aurai pas.

Eh, pourquoi ne l'aurez-vous pas? — Parce que vous me magnétisez. — Mais il est près d'onze heures actuellement, et il y a une heure que vous auriez dû l'avoir? — Je l'aurais eue aussi, si je n'avais pas été distrait.

Quoi! c'est la distraction que vous avez eue à voir des images, qui a empêché votre mal de venir? — Oui, mais il serait venu plus tard dans la journée, si vous ne m'aviez pas magnétisé.

Si l'on vous distrayait chaque fois que votre mal doit venir, qu'en résulterait-il donc? — Qu'il ne me prendrait pas.

Quand pressentez-vous votre première attaque? — Mardi, à huit heures du matin. — Et celle d'après, lui demanda le médecin, pourriez-vous aussi l'annoncer?—Oui, pour jeudi.

Et si l'on vous distrayait dans ces momens là? — Ces attaques là ne viendraient pas.

Il sera encore dans son lit mardi à huit heures du matin, rien ne le distraira, et je rendrai compte ce jour-là de ce qui se sera passé.

Mercredi 5 août 1812.

Je vais donner une nouvelle preuve de la nécessité d'obéir ponctuellement aux indications des somnambules ; on a vu précédemment que le petit Hebert m'avait recommandé de ne pas passer deux jours sans le magnétiser. Mais comme son attaque du 31 juillet était arrivée à l'époque précise annoncée précédemment par lui, et qu'il m'avait dit que je ne pouvais empêcher le retour de celle d'aujourd'hui, j'en avais négligemment conclu qu'il était inutile de me donner la peine de le magnétiser dans les intervalles ; je viens, comme on va le voir, d'être très-sévèrement régenté de ma fautive conclusion par mon petit somnambule.

Lundi soir, à neuf heures un quart, on vient me dire qu'Alexandre, après être descendu en chemise et en somnambulisme, dans la salle basse où se tenait monsieur le curé, avec deux autres personnes, qui en furent très-effrayées, et s'être allé recoucher assez tranquillement, s'était relevé plusieurs autres fois encore ; qu'il criait, chantait, frappait sur les armoires, faisait un tintamarre épouvantable, et qu'il avait même été jusqu'à vouloir se jeter par la fenêtre, de dessus laquelle ayant déjà les jambes pendantes en dehors, on avait eu beaucoup de peine à l'arracher : j'y cours à l'instant. A ma seule approche il se calme et peut répondre à mes questions. Toute la nuit, jusqu'à huit heures du matin, me dit-il, il sera dans cette cruelle agitation, la porte qu'il a trouvé fermée lui a donné l'envie de sortir par la fenêtre, il finira par s'y jeter s'y l'on n'y prend garde et si l'on ne veille toute la nuit à ses actions. Une et deux personnes ne suffiront pas pour le contenir, il en faudra jusqu'à quatre, à mesure que l'effervescence de sa tête augmentera.— Eh, pourquoi, lui demandai-je, cette terrible crise que vous ne m'aviez pas annoncée ? Vous deviez me magnétiser au moins tous les deux jours, me répondit-il, et vous ne l'avez pas fait. — Se pourrait-il? Quoi! c'en est là la raison ?—Oui ; à présent il faut que ma nuit se passe comme cela.—Je me borne alors à lui demander comment ceux qui le veilleront devront s'y prendre pour l'empêcher de se jeter par la fenêtre et pour en même temps ne lui pas faire de mal en le touchant. Il me répond qu'il faut toujours attendre qu'il ait ouvert la fenêtre, qu'alors seulement on le doit arrêter par le bras, et le laisser ensuite aller tranquillement se recoucher; cet accord fait entre nous, je l'éveille, il est étonné de me voir près de lui; je lui souhaite le bonsoir, et sors de sa chambre avec tous ceux qui y étaient avec moi. Je ne suis pas encore au bas de l'escalier, que je l'entends de nouveau chanter à tue-tête. Allons, dis-je au maître d'école, remontons, et commencez à mettre son ordonnance à exécution. Rentrés tous dans la chambre, nous le voyons s'agiter dans son lit; il déraisonnait comme font les malades attaqués de transport au cerveau; un moment après il se lève en disant qu'il va sauter par la fenêtre; nous le voyons en effet s'y diriger (sa vision somnambulique était obscure, car il va d'abord se heurter contre une armoire, sur laquelle il frappe à coups de poing comme s'il eût été en colère d'en avoir été touché), il fallait la lui laisser ouvrir; je recommande qu'on le laisse faire. Il l'ouvre en effet, et ne retrouvant plus la chaise qu'on en avait ôtée, il monte sur la table. Je dis alors au maître d'école de l'arrêter; celui-ci le prend par le bras, et l'attire en bas sans qu'il lui oppose la moindre résis-

tance ; mais qu'arrive-t-il ? C'est qu'au moment de remonter sur son lit, l'enfant donne
à ce pauvre maître d'école un coup tellement
assené du revers de son bras, qu'il faillit le
renverser. Ah, ah! dis-je, voici encore du
nouveau, voyons, sachons - en la cause. —
Pourquoi donc, Alexandre, lui demandai-je
(après que je l'eus magnétisé), pourquoi avez-
vous battu votre maître? — C'est malgré moi,
Monsieur ; mais pourquoi me tient-il et me
conduit-il à mon lit, j'y reviendrai bien seul,
je vous ai dit qu'il ne fallait que m'arrêter
quand je veux passer par la fenêtre. — Eh,
vous laisserez-vous toujours arrêter ainsi ?—
Oui, pourvu qu'on ne me parle pas. —Sera-
ce assez du maître d'école avec vous toute la
nuit ? — Non pas, il faut quatre personnes.
— Allons donc, cela n'est pas nécessaire, un
grand homme fort et robuste doit pouvoir
aisément venir à bout d'un petit bonhomme
comme vous ? — Il ne viendra pas à bout de
moi, je serai plus fort que lui, il faut qu'ils
soient quatre. — Je lui nomme alors deux
jeunes garçons de 15 à 16 ans, qui étaient
dans la chambre : ce n'est pas assez, dit-il.
— La servante du curé a le courage de s'offrir, je la lui nomme, il dit que cela suffit.

(Ce qui me fait présumer que ce n'est pas précisément la force, mais la volonté de quatre hommes qu'il lui faut). Nos nouvelles conventions faites, je le réveille. Lui, tout aussi calme et aussi tranquille que si rien ne venait de se passer, me souhaite de nouveau le bonsoir, et je sors de la maison après avoir bien fait à chacun sa leçon. De dedans la cour et dans la rue, j'entendis bien les cris et les chants de l'enfant recommencer, mais je ne m'en rendis pas moins au château, avec seulement l'intention d'aller revoir mon petit malade le lendemain à sept heures.

Revenu chez moi, je racontai à ma femme et à d'autres personnes qui étaient dans le salon avec elle, tout ce qui venait de se passer. Elles prirent toutes de l'inquiétude sur les évènemens de la nuit. On le touchera mal-à-propos, on lui parlera; à votre place, me dirent-elles, je ne le laisserais pas ainsi à la merci de tous ces gens-la. J'étais déjà trop peu tranquille moi-même pour ne pas partager leurs alarmes. Ma femme m'ayant donc proposé de m'accompagner chez le curé, nous y retournâmes ensemble, et bien m'en prit assurément, car les fureurs du petit garçon s'étaient tellement augmentées, que tous tant qu'ils étaient, déjà frappés par lui et craignant de l'être encore, avaient consenti à ce qu'il fût attaché au pied de son lit, et je trouvai le maître d'école, qui, muni de cordes, se disposait à cette funeste exécution. Eh mon Dieu! qu'allez-vous faire! m'écriai-je. Quoi! vous ne voyez pas que c'est un malade dans le transport, etc. Bah, bah, dit le maître d'école, il nous entend, nous répond, et sait fort bien nous dire des sottises à tous, en nous appelant chacun par notre nom; il y a de la malice dans son fait, je vous assure.... Raisonner et discuter dans cette circonstance eût été hors de propos, il fallait aller au secours de l'enfant; ce que je fis en le magnétisant. A mon approche, cette fois, il me méconnut, et comme si c'eût été une mystérieuse leçon qu'il me donnait, il me prit les doigts et me les tordit à me faire mal.... Sentant qu'un acte énergique de ma volonté était nécessaire, j'en dirigeai fortement sur lui l'influence, et à l'instant ses muscles s'assouplirent, sa tête se pencha mollement sur son sein, et tranquillement il se laissa conduire de la fenêtre à son lit. — Mais vous êtes bien méchant, Alexandre, lui dis-je? Comment, vous battez et injuriez tout le monde, et

même monsieur le curé, qui a tant de bontés pour vous? — Ce n'est pas ma faute, ils
me parlent et me touchent. — Eh, comment
voulez-vous donc que l'on s'y prenne pour
vous contenir, est-ce que vous ne voyez pas
à présent que vous êtes méchant? — Si fait,
je le sais bien, mais c'est malgré moi. — Etes-
vous fâché de faire ainsi du mal et de donner
tant de peine à tout le monde? — Oui,
Monsieur, j'en suis bien fâché, mais je ne
puis faire autrement. — La nuit ne peut pas
se passer ainsi; allons, voyons, cherchez,
que faut-il faire pour vous tranquilliser? —
Me magnétiser. — Mais, je ne peux pas passer toute la nuit à vous magnétiser. (*Silence*).
Eh bien, répondez : est-ce que vous ne sen-
tez pas qu'il est impossible que je vous magnétise toute la nuit? — Comme vous voudrez. — Comme je voudrai, ce n'est pas là
répondre, il faut que vous cherchiez un
moyen de ne pas vous tuer cette nuit, d'une
part, et de l'autre de ne pas vous battre avec
les personnes qui vous soignent. — Il n'y a
pas de moyen. — Mais enfin, vous voilà tranquille à présent.... Hem? Dites donc, n'êtes-
vous pas tranquille? — Oui. — Je ne vous
magnétise cependant plus. — Vous êtes à

côté de moi. — Cette réponse alors m'é-
claira, et je lui dis : Comment, est - ce que
si je passais la nuit à côté de vous, vous
n'auriez plus d'accès de transport ? — Non,
je serais tranquille. — Allons, dis - je à ma
femme, voilà qui est clair, ce sont des ordres
qu'il me donne, il me faut passer la nuit ici :
lorsqu'il m'eût encore une fois répété et
assuré qu'il ne lui arriverait rien tant que je
resterais près de lui, je fis retirer tout le
monde, et chacun alla se coucher. Le petit
bonhomme alors se réveilla; pour calmer sa
surprise de me voir encore dans sa chambre,
je lui dis que c'était seulement pour l'empêcher de rêver : mauvaise raison dont il se
contenta. Durant le temps que l'on mit à
m'aller chercher au château un mouchoir de
tête et des pantoufles, je sortis de la chambre
d'Alexandre, et me tins à la porte, d'où je ne
lui entendis pas faire le moindre bruit. Rentré dans sa chambre, il me dit qu'il ne pouvait plus se rendormir; je ressortis, et un
demi-quart-d'heure après j'y renvoyai un do-
mestique comme pour aller chercher quelque chose sur sa table, avec ordre de ne pas
lui parler. Cet homme vint me dire que le
petit bonhomme lui avait demandé si j'étais

là, à laquelle question il ne lui avait encore rien répondu. Je rentrai alors pour définitivement occuper mon poste, et je m'étendis sur un lit touchant au sien, de manière que ma tête se trouvait en opposition à la sienne.... Pendant plus d'une demi-heure je l'entendis se remuer, se retourner dans son lit, et répéter : Je ne puis dormir. J'étais trop agité moi-même pour pouvoir m'assoupir, cependant, et selon toute apparence, le sommeil nous surprit ensemble, car ce ne fut qu'à près de quatre heures du matin, lorsque mon aide Ribault vint me relever de ma garde, que je m'aperçus que nous avions très-bien dormi tous les deux.... J'avais encore près de quatre heures jusqu'à huit à me reposer, de sorte qu'après avoir remis tous mes pouvoirs à Ribault, j'allai me mettre dans mon lit.

A huit heures moins un quart, hier mardi, j'étais au presbytère ; le petit Alexandre avait fort bien dormi, et quoiqu'il se fût fort tranquillement réveillé à sept heures, il était encore dans son lit à huit. Son attaque eut lieu à huit heures et demie ; nous l'entendîmes pleurer, et comme il commençait à se secouer la tête et à mordre ses draps, je le fis entrer dans l'état magnétique.... Alors il dit que la nuit prochaine serait aussi orageuse que la précédente, s'il n'était pas près de moi, et que sa prochaine attaque serait toujours pour jeudi... Ne jugeant pas nécessaire d'aller passer une seconde nuit au presbytère, je lui ai donc fait dresser un lit dans ma chambre, au pied du mien; il y a dormi fort profondément, et ne s'est réveillé probablement ce matin qu'à sept heures, en même temps que moi. Magnétisé avant de s'en retourner, il a dit qu'il ne lui arriverait rien de la journée ni de la nuit, et que son attaque de tête se manifesterait demain jeudi à onze heures du matin.

Jeudi.

L'attaque a eu son cours; je l'ai arrêtée au moment des pleurs; il faudra qu'il vienne encore coucher la nuit du vendredi au samedi dans ma chambre.

Samedi.

Hier, avant qu'Alexandre ne s'endormît, je l'ai magnétisé pour savoir de lui d'avance l'histoire de sa nuit; et comme j'avais le projet d'aller ce matin à Soissons, je lui ai de-

mandé si je pourrais le quitter à sept heures.
— Non, Monsieur. — Et pourquoi donc pas?
— Parce que je ne m'éveillerai qu'à neuf, et
que si vous me quittiez avant, je retomberais
dans le même délire où vous m'avez vu....
J'eus bientôt en effet l'occasion de reconnaître la vérité de sa prévision ; car étant
sorti de ma chambre pour aller faire part à
ma femme de ce nouvel incident, je n'avais
pas fait vingt pas dans le corridor, que j'entends les chants et les cris désordonnés du
petit garçon, qui me ramènent bientôt à lui.
Toutes les personnes qui n'étaient pas encore couchées, accourent aussitôt pour le
voir ; et rien n'était plus curieux à observer
que le passage subit de l'agitation à la tranquillité que ce pauvre enfant éprouvait, selon
que je m'éloignais ou me rapprochais de la
chambre où il était couché.

Après deux ou trois épreuves de son extraordinaire susceptibilité magnétique, j'ai
fait retirer tout le monde, et notre nuit s'est
passée fort paisiblement.... Ce matin à huit
heures et demie, comme j'étais à lire en attendant son réveil, j'ai été surpris de lui entendre dire : *Bonjour M. de Puységur, comment vous portez-vous?* Je me lève, vais à son

lit, et je lui vois encore les yeux fermés; alors il me redit encore bonjour. — Et vous, Alexandre, lui ai-je demandé, comment vous trouvez-vous? — Très-bien, M. de Puységur (car il ajoute toujours mon nom), j'ai bien passé la nuit. — Est-ce que vous n'êtes pas encore réveillé? — Non, M. de Puységur, ce ne sera qu'à neuf heures. — Quelques personnes sont entrées dans ma chambre, il les a reconnues, quoique toujours couché et les yeux fermés, et leur a souhaité le bonjour... Tout cela se passait fort tranquillement; mais une d'elle s'étant permise de lui adresser la parole et de le plaisanter, aussitôt il s'est agité comme s'il en eût reçu une commotion désagréable; et des paroles sans suite me l'ont fait très-pertinemment juger dans un commencement de délire.... Il n'a fallu que mon approche pour le calmer; et à neuf heures précises, il s'est réveillé fort paisiblement.

Dimanche.

Je l'ai magnétisé ce matin pour savoir de lui l'histoire de sa journée. Voici ce qu'il m'a dit :

Ma maladie change, c'est pour mon bien;

je n'aurai plus de bonnes nuits ; mais mon mal ne durera que six mois au lieu d'un an. — Comment, me suis-je écrié, plus une seule bonne nuit ! et cela ?... — Pendant six mois ; au bout de ce temps, j'aurai mal à la tête ; elle sera toujours faible, mais je serai guéri. — Quelle est donc la cause de ce changement ? — C'est un mouvement qui s'est fait cette nuit dans ma tête. — Voilà une terrible tâche que vous m'imposez là, lui ai-je dit ; est-ce que quelqu'un ne peut pas me remplacer ? — Non. — Mais Ribault, qui vous a déjà magnétisé, le pourra bien ? — Oui, quelquefois, mais pas souvent ni long-temps. — Pourquoi donc ? — Parce que vous me faites plus de bien que lui. — Avant de s'éveiller, il m'a dit de lui-même : Il faut recommander qu'on ne me fasse ni écrire, ni apprendre par cœur ; je n'ai plus de mémoire ; si je m'applique, j'aurai des vertiges. — Etiez-vous né sans disposition à la mémoire ? — Non ; mes frères et sœurs en ont, et j'en aurais eu comme eux, si l'on ne m'avait pas dérangé la cervelle. — Eh que pourrez-vous donc faire lorsque vous serez guéri, car enfin il vous faudra bien apprendre un état ? — Je pourrai apprendre un métier, celui de menuisier.... — Il sera tranquille toute la journée, et n'aura d'attaque que demain à onze heures.

Ce journal, que je suis résolu de continuer, ne va donc plus offrir que l'historique des embarras de toute espèce, qu'il faut me résigner à supporter tout le temps que durera la cruelle maladie de cet enfant. Quelle leçon pour les magnétiseurs, et combien mon exemple doit servir à rendre circonspects et prudens tous ceux qui, sans être assurés de leur loisir et de leur temps, s'exposeraient, comme je viens de le faire, à se rendre l'arbitre de la vie ou de la mort de leurs semblables ! Que d'accidens peuvent résulter de la moindre inadvertance de ma part, tant à l'égard de ce petit malade, qu'à l'égard de ceux avec lesquels il pourra se trouver sans moi, dans ses momens de vertiges ou de folie ! Et quand même je pourrais tout prévoir et tout prévenir, quelle gêne, quelle excessive contrariété n'est-ce pas pour moi, de ne pouvoir pendant six mois entiers être le maître d'une seule de mes journées ni de mes soirées. . . . . Que je n'eusse point été au secours de ce petit malheureux, lorsque, dans ses premières attaques de maux de tête, il voulait se la casser contre les murs,

ou mordre ceux qui tâchaient de l'en empêcher, et que, par suite de ses fureurs, il fût
mort dans des accès de rage aussi épouvan-
tables à voir que difficiles à se figurer ; j'en
eusse été affligé sans doute ; mais, ainsi qu'il
en est de tous les évènemens funestes auxx-
quels on n'a point contribué, je n'eusse vu
dans celui-ci qu'une crise extraordinaire de
la nature, dont les détails ne m'eussent tout
au plus fourni qu'une histoire effrayante à ra-
conter. Au lieu de cette sécurité, qu'aucun re-
mords n'eût certainement troublée, me voici,
au contraire, d'après ma certitude acquise
des heureux et salutaires résultats d'un magnétisme charitablement dirigé ; me voici,
dis-je, responsable au tribunal de ma conscience de tout le bien que je puis faire à cet
enfant, et de tout le mal que je puis lui évi-
ter. Dans l'alternative d'être humain ou bar-
bare envers lui, puis-je donc balancer ! Et
libre de vouloir ou de ne vouloir pas qu'il
vive et recouvre la santé, pourrai-je même
qualifier de vertu le parti que je me détermine à prendre ? Je suis contrarié sans doute
à l'excès de toute la gêne et de l'assujettisse-
ment que je prévois pour moi pendant six
mois entiers ; mais enfin qu'y faire, il faut

bien m'y résigner. Les circonstances, au reste, peuvent me seconder ; les difficultés s'applanir, quelques incidens heureux viendront peut-être à mon aide. En tous cas, je fais, sinon ce qu'il y a de mieux, au moins ce que je crois de mieux à faire ; et c'est assez pour ma tranquillité.

Jeudi, 13 août.

Alexandre couche toutes les nuits près de moi ; j'ai gagné sur lui, depuis deux jours, que son lit fût placé dans un cabinet attenant à ma chambre, et dont la porte reste ouverte, ce qui m'est déjà moins incommode. Je fais en sorte qu'il puisse être tous les soirs amusé et distrait jusqu'à dix heures et demie ; lorsqu'il s'endort en m'attendant, les vertiges lui prennent ; on vient aussitôt m'en avertir, et je l'emmène se coucher ; une fois dans son lit, je le magnétise, et je sais toujours par lui d'avance l'heure de son réveil.

Toutes ses nuits sont bonnes.

Comme je dois aller passer quinze jours à Paris, je me détermine à l'emmener avec moi.

Ayant eu affaire avant hier à Soissons, je l'y ai mené dans mon cabriolet, et comme je voulais passer la soirée chez une dame de la ville, je l'endormis en arrivant pour savoir si cela me serait possible. Oui, m'a-t-il dit, pourvu que vous me magnétisiez trois fois dans la journée. Je suis rentré de trop bonne heure pour faire l'essai de sa prévision, mais j'en retrouverai sûrement bientôt l'occasion. Il m'a dit aussi que le mouvement de la voiture lui était favorable, et qu'il fallait le lui procurer souvent.

Mais voici un incident qui rentre dans la série des causes secondes que jamais les magnétiseurs, et très - rarement les magnétisés somnambules, ne peuvent prévoir. J'avais lu dans la gazette du 11 août, l'évènement du tonnerre tombé à Bordeaux, en deux endroits différens, et notamment dans les allées de Tourny. Comme une de mes filles établie à Bordeaux, demeure précisément dans une maison située sur cette promenade, j'avais été sensiblement affecté de cette nouvelle : en m'en revenant de Soissons avec Alexandre, je racontai cet évènement non pas même à lui, mais à une troisième personne que je ramenais aussi dans mon cabriolet.... Revenu à Busancy, le petit garçon s'en fut tranquillement au presbytère, et je ne comptais pas le revoir de la journée ; mais à huit heures du soir, on vient me dire qu'il est dans un état de délire et d'agitation épouvantable, que Ribault même, qui d'abord l'avait calmé, avait de la peine à le contenir et n'en pouvait obtenir aucune réponse.... Je cours bien vîte à la maison où on l'avait fait entrer, et je trouve en effet cet enfant comme un petit égaré; sa poitrine était oppressée, ses yeux étaient ouverts et fixes, et il ne pouvait articuler distinctement une seule parole. Je m'en empare à l'instant, et suis fort étonné de ne pas l'endormir comme à l'ordinaire. Je lui parle, il ne me répond pas. Après deux ou trois minutes cependant, je l'entends prononcer avec difficultés *maman, maman.... à Soissons.* — Est-ce que votre maman vous a voulu magnétiser? lui demandai-je. — *A Soissons, maman..... guérir jamais.* — Je jugeai bientôt qu'il était dans une sorte de délire, et soit qu'il eût ou n'eût pas été magnétisé par sa mère, je pris bien vîte la résolution de rompre ce nouveau rapport, et de dominer ses sens et son imagination. Je ne lui adressai donc plus la parole, et continuai de le magnétiser fortement. Après quatre à cinq minutes, il se réveilla, et s'étonna de se trouver dans une maison étrangère. Je lui demande bien vîte si sa mère ou d'autres l'ont touché à Soissons. — Point de réponse.... Je recommence à le magnétiser, et il entre enfin dans le paisible sommeil magnétique. — Alexandre ? — Monsieur ? — Que venez-vous donc d'avoir là ? — Un accès de folie. — Vous m'avez dit à Soissons, que votre journée se passerait tranquillement ? — Je ne devais pas non plus avoir de mal. — Pourquoi donc en avez-vous eu ? — Vous avez parlé du tonnerre tombé à Bordeaux devant les fenêtres de votre fille, cela m'a fait avoir un saisissement. — Je n'ai cependant pas ajouté que ma fille eût essuyé le moindre accident....... — Non, mais vous avez éprouvé de la peine, et je l'ai sentie. — Serez-vous encore malade aujourd'hui ? — Non. — Voulez-vous que je vous dise lorsque vous serez éveillé, que je n'ai pas d'inquiétude ? — Non ; si vous me parliez encore de cela, j'aurais un autre accès de folie..... Il a été fort calme le reste de la soirée, a dormi toute la nuit, et ne s'est réveillé qu'à près de neuf heures.

En ouvrant les yeux il a l'habitude de me souhaiter le bonjour, d'un air calme et riant. J'ai été étonné ce matin de son silence, en même temps que de son regard fixe et inanimé. Je lui demande comment il se porte, s'il a bien dormi; je le vois, tout en voulant nouer sa cravate, se balancer sur son séant, et avancer sa tête comme s'il eût cherché à distinguer quelque chose. . . . Qu'avez-vous donc, Alexandre? lui ai-je demandé. — Alors lui, d'une voix forte, Mon.... Monsieur de Puységur, savez-vous dans quel état je suis ? — Comment, que voulez-vous dire. . . . — Où êtes-vous donc? C'est que je ne vous vois pas au moins, je suis aveugle... Je mets bien vite la main devant son front, et, comme la feuille de la sensitive tombe et se replie sur elle-même à l'approche du doigt qui vient l'effleurer, de même le pauvre petit, sans que ses mains quittassent sa cravate, se laisse retomber mollement sur son oreiller. — Eh bien, mon ami, pouvez-vous m'expliquer ce qui vous arrive? — Oui, Monsieur, je vais être comme cela six jours, c'est la suite du saisissement que j'ai éprouvé hier. Vous croirez que j'y vois parce que j'aurai les yeux ouverts; mais je n'y verrai que comme les somnambules. — Que s'en suivra-t-il ? qu'aurai-je à faire? — Rien, j'irai, je viendrai, je jouerai comme à l'ordinaire ; mais vous ne me fermerez plus les yeux pendant ces six jours, et

au bout de ce temps-là, je n'aurai aucun souvenir de tout ce qui me sera arrivé. — Et
pourrai-je toujours partir avec vous pour
Paris samedi ou dimanche ? — Mon état ac-
tuel n'empêche rien, je l'éprouverai tant que
je serai malade toutes les fois que je verrai
de la peine ou du chagrin à quelqu'un. —
Comment serez-vous la journée ? — Bien.
— Quand pressentez-vous une attaque de
tête ? — Mercredi. — Ce sera donc à Paris
que vous l'aurez ? — Oui, le voyage ne l'em-
pêchera pas. J'ai cessé mon action, et il s'est
trouvé (en apparence au moins) comme dans
son état ordinaire.

*Autre exemple que j'ai eu d'un état de som-
nambulisme extraordinaire, semblable à celui
d'Alexandre.*

Un jeune officier d'artillerie, de l'âge de
17 à 18 ans, presqu'aussi susceptible de l'influence magnétique que le petit Alexandre,
avait été plusieurs fois magnétisé, en même
temps que par moi, par une jeune dame qui, d'a-
près la régularité de sa conduite et la pureté
de ses mœurs, était loin d'imaginer qu'un
rapport si intime d'intérêt avec un jeune
homme, et que la curiosité seule avait fait

naître, pourrait avoir un jour des suites sinon fâcheuses, au moins fort embarrassantes pour elle. Les crises orageuses de la révolution étaient commencées, c'était dans l'hiver de 1789 à 1790, et j'étais alors à Strasbourg, colonel du régiment d'artillerie de ce nom. Au mois de mars, cette dame quitta la France et fut en pays étranger; mon jeune officier, dont la santé habituellement délicate s'était jusqu'alors très-raffermie, tomba aussitôt dans un état de marasme et de mélancolie qui m'inquiéta. Je le magnétise, et pendant plusieurs jours il s'obstine à me taire la cause de ses maux. Mon intérêt parvient cependant à vaincre sa résistance, et il me dit enfin, de même que le petit Alexandre, qu'il est depuis plusieurs jours dans un état fort extraordinaire, qu'il agit, va à l'exercice, mange à l'auberge avec ses camarades, sans que rien ne dénote à l'extérieur la maladie qui le consume; mais que cependant il vit, pour ainsi dire, sans vivre, puisqu'il ne se ressouviendra jamais de tout ce qu'il voit et entend, depuis qu'il est dans ce triste état. Interrogé dans l'état magnétique sur la cause de cette démence, et sur les moyens à prendre pour l'en tirer, il me dit : Madame de*** m'a magnétisé avec vous; elle seule est la cause du mal que j'éprouve; elle seule peut m'en délivrer. —Vous en êtes donc amoureux? lui demandai-je. — Oh! me dit-il avec l'air d'être offensé de ma question, ne prononcez pas ce mot-là, Monsieur, il ne peut vous donner l'idée du sentiment qui m'attache et m'unit à Madame de ***. Mes sens, je vous l'assure, ne sont pour rien dans le sentiment qu'elle m'inspire; les soins qu'elle a eus de moi sont si purs, que je rougirais d'un désir qui pourrait alarmer sa pudeur, et scandaliser son angélique vertu; mais ce rapport que son tendre intérêt et ma reconnaissance ont établi entre nous, pour être dégagé des sens, n'en est que plus fort et plus durable. Vous me faites du bien, sans doute; votre magnétisme me soutient, mais vous n'agissez que sur la moitié de ma vie; l'autre moitié, celle qui constitue mon être, la seule que je prise, est avec Madame de *** : unie aujourd'hui à la sienne, sa volonté seule peut l'en séparer....

Il ne s'agissait plus que de trouver les moyens de le rapprocher de Madame de ***; mais comment m'y prendre? je ne pouvais quitter la France; Madame de *** était à

5o lieues des frontières. L'intéressant malade, dans l'état magnétique, m'en indique
les moyens : il faut qu'il parte de Strasbourg,
et s'en aille trouver Madame de ***. Je dois
écrire d'avance à cette dame les motifs de la
visite qu'il va lui faire, et dans cette lettre,
qu'il me dictera lui-même, je lui dois prescrire
non seulement la conduite qu'elle doit tenir
envers lui, mais, de plus, les mots et les
phrases dont elle doit se servir dans la première conversation qu'elle aura avec lui. Le
jeune homme, avant de partir, me dit qu'une
fois en route, il ira sans s'arrêter jusqu'à ce
qu'il se trouve en présence de Madame de***,
laquelle, après lui avoir exprimé son désir,
ainsi que son expresse volonté de rompre
toute espèce de rapport magnétique avec lui,
le devra magnétiser; qu'une fois dans l'état
magnétique, elle lui intimera de nouveau ses
intentions, auxquelles elle l'obligera d'adhé-
rer, et qu'à son réveil enfin il se retrouvera
entièrement rétabli dans son état d'existence
habituelle. Tout, en effet, se passa comme le
jeune homme l'avait prescrit et prévu. Son
étonnement, comme on le pense bien, fut extrême de se trouver en Allemagne, à 5o lieues
de Strasbourg, sans pouvoir concevoir com-

ment il y était venu. De retour à Strasbourg, il reprit le courant ordinaire de la vie militaire, et quoique toujours resté sensiblement attaché à Madame de ***, son image et son souvenir n'ont, depuis lors, été pour lui qu'un motif de s'intéresser vivement à elle et de la respecter.

L'exemple de ce jeune officier d'artillerie, celui du petit Alexandre, et de tant d'autres malades que j'ai eu l'occasion d'observer, ne sembleraient-ils pas justifier pleinement mon assertion, que *la plupart des fous ne sont que des somnambules désordonnés;* c'était aussi, m'a-t-on dit, l'opinion de Mesmer.

A Paris, le mardi 18 août 1812.

Je suis parti de Busancy samedi, ai couché à Nanteuil, et suis arrivé à Paris dimanche, à trois heures après midi. Alexandre s'est fort bien porté, a été gai, et a pris intérêt à tout ce qu'il a vu sur la route. Cet enfant s'étonne de tout ce qui est nouveau pour lui. Il questionne beaucoup, et ses petites remarques, ainsi que ses réflexions, annoncent en lui de l'intelligence et de la présence d'esprit. Les bornes milliaires de la route fixaient sur-tout son attention; il les nommait toutes, contait ce qu'il nous en restait à parcourir, et nous n'avancions pas au gré de son impatience ; mais c'est à Paris sur-tout qu'il s'est fort étonné de la hauteur des maisons et de la quantité de monde circulant dans les rues. Arrivé sur le boulevart, il s'est écrié : Ah ! mon Dieu ! est-ce que c'est une foire ?... Que de monde ! et après avoir aidé chez moi à dételer mon cheval et à retirer les paquets du cabriolet, il a bien vite couru à la porte de la rue, dont il a fallu l'arracher pour le faire penser à dîner. Le dimanche et le lundi, ce qui, avec les jeudi, vendredi et samedi précédens, font cinq jours, il a donc vécu somnambuliquement, comme s'il eût été dans un état ordinaire d'existence morale et de santé ; je dois dire que, deux ou trois fois par jour, je le faisais entrer dans l'état magnétique (ses yeux restant ouverts), dans lequel il ne tenait que deux ou trois minutes, mais qui me suffisaient pour m'éclairer et me rassurer chaque fois sur les évènemens à venir de la journée : toujours il me répétait qu'il ne récupérerait que mardi la conscience de ses actions, et que son attaque de tête serait pour le mercredi à huit heures. Hier, avant de le laisser s'endormir, il était dix heures et demie ; il m'a répété, lorsqu'il a été

dans l'état magnétique : *Demain, je me ré-
veillerai à huit heures dans l'état naturel.*

Comme le lit que je lui ai fait dresser dans
mon antichambre est en face de ma porte,
que je laisse ouverte toute la nuit, je pouvais ce matin, en écrivant, saisir le moment de son réveil... A huit heures et quelques minutes, je l'entends s'agiter, et peu
après, je le vois sur son séant, ouvrir de
grands yeux, où se peignait l'étonnement
d'apercevoir une chambre et des objets qui
lui étaient inconnus. Son premier mot fut :
*Est-ce la chambre de l'autre jour? Vous l'avez
donc fait arranger?* Et puis tout de suite: *Comme
on entend les voitures, entendez - vous donc,
Monsieur, comme elles roulent?* J'avais un
pressentiment de crainte de l'effet qu'allait
lui causer la surprise de se trouver ainsi trans-
porté à Paris sans s'en être douté. Je lui dis
donc simplement de se lever. Ce bruit des
voitures le préoccupait extrêmement, et il
s'arrêtait en s'habillant pour l'écouter. *Je
vais,* me dit-il, *aller déjeûner chez mon papa,
n'est-ce pas, Monsieur?*—Mais où vous croyez-
vous donc, mon ami? lui demandai-je. — A
Soissons. — Nous ne sommes pas à Soissons;
c'est à Paris. — *A Paris!* Et il se tut.... Dans le

moment entre la portière de la maison, avec laquelle il avait vécu et mangé les deux jours précédens. Eh bien! M. Alexandre, lui demande-t-elle, comment cela va-t-il? avez-vous bien dormi? Lui, fort étonné de ce qu'une femme qu'il ne connaît pas lui dise son nom, reste stupéfait. Bientôt les deux petites filles de cette femme, et avec lesquelles il avait joué la veille et l'avant-veille, viennent aussi le voir, et lui parlent comme d'intimes connaissances. L'embarras et l'espèce de honte du petit Alexandre étaient extrêmes. Comment, ne cessait de lui demander la portière, vous ne me reconnaissez pas? vous ne reconnaissez pas mes enfans? — *Je ne vous ai jamais vue.* — Allons donc, quel conte! c'est pour rire que vous dites cela. Quoi, vous avez joué hier avec elles jusqu'à dix heures du soir, nous avons été promener aux Champs-Élysées, et vous dites à cette heure que vous ne nous connaissez pas? Et elle riait à le déconcerter. La confusion d'Alexandre était au comble. Bientôt je vois le pauvre petit, qui n'avait pas encore passé son habit, se baisser sur son lit, la tête appuyée dans ses mains, et il commence à pleurer... Je fais taire les questionneuses, et essaie en vain de le tranquilliser. Pourquoi donc pleurez-vous, Alexandre? lui demandai-je. Qu'est-ce qui vous a fait de la peine? — *On se moque de moi.* — Non, mon ami, personne ici ne se moque de vous; ce que ces femmes vous disent est très-vrai. Depuis deux jours vous êtes à Paris, vous n'avez pas eu de mal, le défaut de votre mémoire, dans ce moment, est une suite des soins que je prends de vous... Mais tout ce que je pouvais dire était des énigmes pour lui. Pour le tranquilliser, je le mets dans l'état magnétique; alors, il se trouve en parfaite connaissance avec la portière et ses filles. Je le mets successivement en rapport avec elles. Il leur dit à chacune leur nom.... Mais ses yeux ne se sont pas plutôt ouverts, qu'elles lui redeviennent entièrement inconnues. Un autre sujet de surprise pour lui se présente ensuite. Son père lui avait fait faire à Soissons un habillement neuf, complet, et sa mère un petit trousseau pour son voyage. Il ne reconnaissait que ses vieilles hardes, et ne voulait toucher à rien de ce qu'il ne croyait pas lui appartenir. Rien n'était plus amusant que le petit travail qu'il me fallait faire pour l'amener doucement à lier, dans son intelligence, le passé avec le présent. Lorsqu'il fut habillé,

il s'assit tristement au pied de son lit, et dé-
jeûna de même, sans vouloir ni oser descendre... Lorsque je sortis sur les onze heures,
il était cependant fort calme. Je le retrouvai
de même à deux heures, lorsque je rentrai ;
et comme j'étais engagé à aller dîner à la
campagne, je le magnétisai pour savoir si je
pouvais m'absenter sans danger pour lui....
Bien m'en prit, assurément, car il m'annonça
qu'il aurait une crise de transports et de vertiges entre quatre et cinq heures... Je ne puis
donc pas aller dîner à la campagne? lui demandai-je — *Vous ferez comme vous voudrez.*
— Mais si vous devez avoir du mal? — *Oui,
j'en aurai sur les quatre heures.* — Quelle espèce de mal? — *Comme vous m'en avez déjà
vu : je voudrai me casser la tête contre les murs.*
— En ce cas, il faut donc que je reste, ou
que je vous emmène avec moi? —*Comme vous
voudrez.* — Il n'y a pas à dire comme je le
voudrai, il faut bien que je veuille vous emmener : allons, c'est décidé, je vous emmè-
nerai. Peu de secondes après, il rentra dans
l'état naturel ; je le fis habiller et monter en
carrosse avec moi.

Heureusement la maîtresse de la maison de
campagne chez laquelle j'allais dîner, croyait

au magnétisme, dont elle avait déjà vu beaucoup de phénomènes, et je comptais assez
sur ses bontés póur être sûr qu'elle excuse-
rait le motif de mon indiscrétion. Prévenue
de l'heure de la crise de l'enfant, et du mal
annoncé par lui, elle consentit, lorsque nous
nous mîmes à table, qu'un de ses gens le sur-
veillât dans le jardin, afin de pouvoir me prévenir aussitôt qu'on le verrait commencer à
souffrir... A quatre heures, près de la demie,
on accourt m'avertir que l'enfant se plaint
et se débat bien sur une chaise. Je descends
vite, et de dessus le perron du jardin, madame de C. et la société qu'elle avait chez
elle furent témoins de la promptitude avec
laquelle, à ma seule approche, il se calma
entièrement, et comme ensuite il se laissa
tranquillement conduire, les yeux fermés, sur
un siège plus commode. Il me dit alors que
cette crise n'aurait point de suite, qu'elle
n'était provenue que du chagrin qu'il avait eu
le matin, et qu'elle n'empêcherait pas celle
de demain, à huit heures..... Le petit garçon
a passé le reste de la journée à merveille. J'ai
même la permission d'aller souper en ville,
et de ne rentrer, si je le veux, qu'à une heure
du matin.

Ce jeudi 20.

C'est le 13 qu'Alexandre m'avait annoncé son attaque de frénésie pour hier 19. Depuis lors, il m'avait confirmé sa prévision, et ajouté que ce serait pour huit heures; mais comme en raison de l'engourdissement où le plonge le sommeil magnétique il est très-laconique, moi ne lui ayant pas fait la question si son attaque aurait lieu le soir ou le matin, je m'étais persuadé que ce devait être à huit heures du matin. Hier, à cette heure-là, je le surveillais donc, et m'attendais que la crise de son mal lui prendrait en sortant de son lit.... Point : il s'habille, ensuite il me demande la permission de descendre pour déjeûner. Je n'y consens pas, et veut qu'il déjeûne auprès de moi. Neuf heures sonnent, neuf heures et demie; nulle apparence de crise ; alors je le mets dans l'état magnétique, et lui demande pourquoi son attaque n'est point venue à huit heures, comme il me l'avait annoncé. — Ce n'était pas ce matin que je devais l'avoir, c'est ce soir, à huit heures. — Il est vrai, lui dis-je gaîment, que nous ne nous étions pas expliqués sur cela ; mais convenez aussi, mon petit ami, que vous êtes un peu paresseux; vous ne me diriez jamais rien de ce qui doit vous arriver, si je ne vous en pressais pas par mes questions multipliées.... Allons, tâchons une autre fois, vous d'être plus précis dans vos réponses, moi d'être plus prévoyant....

L'enfant a été fort bien et fort gai toute la journée. A sept heures et demie, je suis rentré chez moi : comme il aime beaucoup mon cheval, il a aidé à le dételer de mon cabriolet, l'a conduit à l'écurie, et s'est remis à jouer dans la cour. J'avais prévenu la portière de l'heure où son mal le prendrait, afin qu'étant sur ses gardes, elle pût aussitôt m'en faire avertir, et je lui avais sur-tout fortement recommandé de ne pas le toucher dans ce moment-là. Mais l'attaque de ce pauvre petit est si inopinée, et ses convulsions ensuite si effrayantes, que cette bonne femme crut, en le voyant se tenir la tête dans ses mains, et se la frapper contre les murs, qu'elle le préserverait de se tuer en le prenant à brasse-corps. Pendant ce temps, sa petite fille était venue m'appeler. Lorsque j'arrivai, quoiqu'il n'y eût sûrement pas deux minutes d'écoulées, je trouvai la portière excédée déjà de fatigue de l'avoir contenu. —

Eh ! mon Dieu, lui dis-je, qu'avez-vous donc fait ? Pourquoi l'avez-vous touché ?..... Cette femme, qui avait cru bien faire, était trop excusable pour que je l'en réprimandasse ; mais je présumais le mal qu'elle avait occasionné. Mon petit bon-homme, en effet, ne fut pas plutôt dans l'état magnétique, qu'il se plaignit d'avoir été touché, et que sa guérison en allait être retardée. — Allons, lui dis-je, cela ne doit pas être ; pour un seul instant d'inadvertance, il n'en doit pas résulter un si funeste accident. — Si fait. — Mais hier, chez madame de C. , on vous a encore touché, et vous n'en avez point souffert. — Si fait, cela m'a déjà fait mal hier, et aujourd'hui bien plus. —Lorsque vous vous débattez sur une chaise, il est tout naturel de chercher à vous empêcher de vous casser la tête contre le mur. — Je ne me la serais pas encore coignée fort, vous aviez le temps d'arriver.... Je me suis mis bien vîte à le magnétiser fortement et long-temps. Le derrière de sa tête était si chaud, que ma main devenait brûlante en le touchant. Je lui parlais en même temps, et lui disais que dans le cas où un contact étranger au mien eût pour un moment saisi ses nerfs ou son sang, il était impossible que mon influence active ne réparât pas un désordre aussi nouveau. D'abord l'enfant ne répondait rien ; puis ensuite il me dit qu'en effet je lui faisais grand bien. Je continuai donc mon action magnétique, et je le fis rester près de dix minutes endormi. Dans la soirée, je le magnétisai de même encore deux fois, et à la dernière, il me dit enfin que tout était réparé : j'ai même pu ne rentrer qu'à minuit, deux heures après son coucher.

Vendredi.

Ce matin, Alexandre ne s'est réveillé qu'à près de neuf heures. Je dois faire observer que son sommeil de la nuit, n'est ni le sommeil ordinaire des hommes bien portans, ni le sommeil magnétique ; car j'aurais beau l'appeler et le secouer pendant la nuit, il ne se réveillerait pas, à moins que je ne le magnétisasse ; alors de ce sommeil d'engourdissement, il entre en sommeil magnétique, y tient seulement deux ou trois minutes, puis se réveille totalement.

A neuf heures et demie, je l'ai conduit chez M. le docteur Gall. J'avais écrit à ce docteur, le 23 juillet dernier, de Busancy, ce que j'avais déjà observé à l'égard de cet enfant ; et dans ma lettre , je lui exprimais le désir , qu'un anatomiste aussi célèbre que lui , et qui s'était particulièrement occupé de l'organe du cerveau, pût voir et examiner la tête de mon petit malade. Quoique le docteur ne m'eût point fait de réponse, je présumais apparemment qu'il n'en avait pas eu le temps, mais qu'il serait néanmoins curieux de voir Alexandre. Son premier mot fut en effet, en me voyant, de dire à son ami M. Spurzheim : Tenez, voilà M. de Puységur qui a la complaisance de nous amener l'enfant *dont il nous a écrit.* Quoique je sache très-bien , dis-je à M. Gall, tant par ce que vous en avez manifesté dans vos Cours de cranologie, que pas vos écrits, que vous ne croyez point à l'existence d'un agent magnétique dans l'homme, et encore moins par conséquent à la réalité d'un état somnambulique résultant souvent de cette action, je ne viens pas moins avec plaisir et abandon chez vous, Monsieur ; car la différence de nos opinions sur le magnétisme animal, retrouvé par votre confrère et compatriote le docteur Mesmer, ne m'empêche pas d'en avoir une très-avantageuse de vos profondes connaissances anatomiques. — D'abord , Monsieur, me dit le

5

docteur Gall , nous ne croirons jamais que l'on ait retiré de la cervelle à cet enfant. — Ecoutez donc , Monsieur , je n'ai pas non plus la prétention de vous le faire croire. Je vous ai mandé que l'enfant me l'avait dit en somnambulisme ; je n'en sais pas davantage. — C'est contraire à l'anatomie du cerveau. — Cela peut être , et c'est ce que je ne puis me permettre de discuter avec vous ; mais veuillez seulement examiner le sommet de la tête de l'enfant. — Oui , c'est vrai ; on juge en effet qu'il y a eu là une ouverture de faite ; mais cela ne me prouve point qu'on lui ait enlevé de la cervelle. — Je sens bien que pour vous éclaircir du fait , il vous faudrait son crâne ; mais en bonne conscience je ne puis en ce moment vous le procurer. — Tenez, je ne puis croire que dans le somnambulisme on acquierre la connaissance de semblables choses. D'après tous vos somnambules et d'autres que j'ai vus, je suis très-convaincu, au contraire, qu'ils n'ont dans cet état que des réminiscences de leur état de veille, ou qu'ils ne disent que ce que leurs médecins magnétiseurs leur font dire.—Avant d'entrer en discussion avec vous sur l'espèce de facultés plus ou moins étendues des somnambules, il faudrait, permettez-moi de vous le dire, que vous eussiez d'abord admis et reconnu que l'*homme, par l'influence de son aimant animal, a la puissance de mettre à volonté* (non pas tous), *mais beaucoup de malades dans cet état de somnambulisme.* — Ah vraiment! si cela était une fois prouvé, il est bien certain que ce serait une éclatante vérité, une découverte du premier ordre; mais je n'y crois pas. — Vous avez cela de commun avec le plus grand nombre des savans d'aujourd'hui; mais que fait votre scepticisme et le leur à l'existence d'une vérité? — Soit; mais comment enfin pouvez-vous expliquer ce prétendu agent? Est-ce un fluide? est-il matière? est-il esprit? Comment vos somnambules, s'ils ont la science infuse, ne trouvent-ils donc pas de remèdes nouveaux? Pour la rage, par exemple..... Pourquoi les somnambules, en Allemagne, n'ordonnent-ils que des remèdes de leur pays, et non pas de ceux que l'on ordonne en Angleterre : tout cela, tenez, m'a l'air de rêves, et rien de plus..... — Quand à vous dire (lui répondis-je à tant de questions) de quelle nature est l'agent magnétique de l'homme, ce sera à vous, Messieurs les savans physiologistes, à

vous le définir lorsque vous en aurez long-
temps observé les phénomènes et les résultats..... Quand à la science infuse, oh! je
vous réponds que les somnambules ne l'ont
pas plus que vous ni moi; aussi n'ordonnent-
ils des remèdes que par l'instinct, et non jamais par la connaissance raisonnée qu'ils ont
de leur efficacité; encore moins les doivent-
ils prononcer dans une langue qu'ils ignorent;
mais comme la nature dans chaque pays et
dans chaque climat a mis à la portée de tous
les êtres vivans la pâture ou les autres alimens
qui leur sont nécessaires, de même, selon
toute probabilité, elle a dû mettre à portée de
tous les hommes, les substances réparatrices
des désordres de leur organisation, etc.; mais
laissons cette discussion, et veuillez tâter le
pouls du petit malade. Ces Messieurs le trouvent inégal et convulsif. — Vous allez voir à
présent, leur dis-je, le phénomène d'une
sensitive animale; ma main, à la distance de
plus d'un pied de la tête de l'enfant, l'endort; ces Messieurs, touchés par moi, tâ-
tent de nouveau son pouls, et n'y trouvent
point de différence; je croyais cependant
qu'il aurait dû y en avoir; mais ils s'y con-
naissent mieux que moi. L'enfant, questionné

par eux dans son sommeil , leur fait les mêmes réponses qu'à moi. *Ses attaques de frénésie proviennent de l'opération qu'on lui a faite
à l'âge de quatre ans ; et dans laquelle on lui
a ôté de la cervelle ; le magnétisme le guérira
au bout de six mois de traitement , après lesquels il ressentira souvent de grands maux de
tête,* etc. Questionné si son cerveau est comprimé, il répond oui. Lorsqu'il se fut inopinément réveillé comme à son ordinaire, je le
fis passer dans une autre chambre , et
M. Gall étant aussi sorti presque en même
temps, je suis resté seul avec M. Spurzheim.
Ce dernier , tout aussi incroyant peut-être
que M. Gall à l'existence d'un magnétisme
dans l'homme, mais moins éloigné que lui
probablement d'en admettre la possibilité ,
voulut bien entrer sur ce sujet en conférence
avec moi. D'après tous ses motifs de douter
de la réalité des phénomènes du somnambulisme , et dont il me fit part avec beaucoup
de sincérité, j'ai vu combien la prévention
est ingénieuse à saisir tout ce qui peut la sa-
tisfaire et la flatter. M. Spurzheim me croyait
intimement persuadé , ainsi que tous les magnétiseurs, que des esprits purs ou intelli-
gences incorporelles se manifestaient par

l'organe des somnambules magnétiques,
qu'ainsi donc et conséquemment à cette fan-
tastique persuasion, nous ne doutions pas
que les somnambules, inspirés par ces intel-
ligences, ne pussent nous révéler, non-seule-
ment les plus secrets mystères de la nature,
mais apparemment encore, ainsi que *Schwe-
denborg*, les merveilles du ciel et de l'enfer. Il
fut très-étonné de ce que j'admettais avec lui
l'existence d'un seul et unique principe de
vie dans toute la matière animée et inanimée,
d'où j'en tirais, comme lui, la conséquence
que la dissemblance de tous les êtres entre
eux ne pouvait être (physiquement parlant)
que le résultat de leurs diverses organisa-
tions. Il me fallut enfin me réhabiliter dans
son esprit, de l'opinion que, sans m'avoir jamais vu, et avoir probablement jamais lu
mes ouvrages, il avait pris de moi, que je ne
pouvais être qu'un visionnaire, évocateur
d'ombres et de revenans, ou un extatique
illuminé, se repaissant de toutes les chimères
de la plus absurde mysticité.

Quelque désagréable que soit en apparence une semblable justification, j'avouerai
cependant que lorsqu'elle a lieu à l'égard
d'un homme dont on prise les lumières et

le jugement, et qui peu à peu montre en vous questionnant un bienveillant désir d'être désabusé sur votre compte, elle coûte infiniment moins à l'amour propre, que le silence dédaigneux de la suffisance présomptueuse ou de l'ignorance révoltée.

Comme M. Spurzheim m'avait témoigné le désir d'essayer d'endormir le petit Alexandre, et que je l'avais assuré qu'il y réussirait aussi facilement que moi, je fis rentrer l'enfant. Présentez seulement votre main au-dessus de la tête, dis-je à M. Spurzheim, avec la ferme et franche volonté d'agir magnétiquement sur lui, et vous obtiendrez l'effet que vous désirez. Le petit malade ne fut pas plutôt assis, qu'en effet M. Spurzheim opéra sur lui le phénomène accoutumé, et les réponses qu'il en obtint furent toujours que « dans « l'opération qui lui a été faite, à l'âge de « quatre ans, d'un dépôt à la tête, il lui a été « ôté de la cervelle ; il était né pour avoir de « la mémoire ; lorsqu'il sera guéri par le « magnétisme, après six mois de traite- « ment, il n'aura plus d'attaques de ver- « tiges et de frénésie ; mais la mémoire ne « lui reviendra plus, et il aura souvent mal « à la tête, etc. » — Questionné pour-

quoi sa maladie actuelle ne s'était pas mani-
festée plutôt. — C'est, a-t-il répondu, *que
mon mal ne s'était pas encore développé*. Il s'est
réveillé comme à l'ordinaire, inopinément
et sans notre participation. M. Gall alors
étant rentré, apprit de son collègue ce qui
venait de se passer; mais il n'en écouta le
récit qu'avec indifférence et froideur. Vous
vous rendrez un jour, lui dis-je en me le-
vant, monsieur le docteur, à l'évidence
d'une aussi éclatante vérité; le motif qui
vous empêche en ce moment de la reconnaître ne peut long-temps servir à vous la
dérober. Ce motif m'est connu, vous le savez. Vous devez vous rappeler qu'il y a
plus d'un an, lorsque, amené chez moi par
M. de B***, vous vîtes et fîtes agir vous-
même la femme Maréchal de Busancy dans
l'état de somnambulisme, par la seule impulsion de votre volonté, vous me dîtes, en
vous retournant vivement : *Ah! ma foi, si
cela était vrai, mon système tomberait;* et sur
ce que je vous répondis, que je trouvais,
moi, que vos recherches anatomiques et cra-
nologiques pouvaient très-bien s'accorder
avec les phénomènes magnétiques, vous ré-
partites : *Non, non, chaque organe de la tête*

*a sa fonction; celle des oreilles est d'entendre;
celle des yeux est de voir,* etc. Ainsi donc si,
selon vous, il ne saurait exister de magnétisme dans l'homme, c'est par la seule raison
que votre système peut fort bien s'en passer.
Non, non, monsieur le docteur, non, lui ré-
pétai-je en sortant, un tel motif ne peut long-
temps servir d'excuse à votre incrédulité.

Après m'être permis de transcrire mon
entretien avec M. le docteur Gall, je dois
ajouter que rien n'a pu mieux me prouver
l'intime persuasion dans laquelle il est de la
bonté de son systême, que ce mot échappé
à sa sincérité : *Ah! ma foi, si cela était vrai,
mon systême tomberait;* un homme qui croirait faiblement ce qu'il professe, ne ferait pas
un tel aveu, et à quelqu'un sur-tout qui pourrait s'en prévaloir pour repousser ses indi-
rectes attaques; la duplicité n'a pas tant d'a-
bandon ni de naïveté; il m'est donc prouvé
que M. Gall, doué de beaucoup d'esprit et
très-savant anatomiste, après être parvenu
à se démontrer physiquement une vérité moralement aperçue de tous temps par les observateurs les plus judicieux, savoir que *les
dispositions à l'exercice et au développement de
nos facultés, dérivent de notre organisation,*

n'aura saisi dans la série de toutes les décou-
vertes que ses intéressantes recherches lui
auront procurées, que celles seulement (quoiqu'en très-grand nombre) qui se seront im-
médiatement rapportées aux visibles et pal-
pables opérations des fibres et des membranes
du cerveau. Ces esprits, ces forces invisibles
dans la nature, soupçonnés par Newton, et
que le scalpel anatomique ne peut atteindre,
auront échappé à ses observations comme à
son jugement; c'est ainsi que Descartes, dont
la cervelle était bien certainement la mieux et
la plus harmonieusement organisée de toutes
les cervelles des philosophes anciens et modernes, après avoir mathématiquement dé-
montré aux hommes de son temps l'existence
de Dieu, et celle d'une ame en eux pour le
pouvoir aimer et connaître, s'était fourvoyé
de même du moment qu'il s'était imaginé pouvoir également démontrer, à l'aide de ses idées
matérielles et bornées, les œuvres de la toute-
puissance infinie ; il est assurément très-
pardonnable à un homme de génie de se
tromper à la manière de Descartes ; et combien il en est peu qui pourraient, à la satis-
faction de leur amour-propre, mériter qu'on
leur pût adresser pareil reproche !

Ce dimanche 23.

Mon petit bon homme continue de se por-
ter à merveille, c'est-à-dire, qu'il boit, mange,
dort, ne s'applique à rien, et joue comme
un enfant qu'il est, tant que la journée dure.
Je l'ai mené hier en cabriolet au Jardin des
Plantes et à la Salpêtrière. Je voulais le faire
voir à M. le docteur Pinel, médecin en chef
de cet hôpital de fous et d'aliénés ; mais il est
à la campagne pour quelques jours. J'y re-
tournerai mardi.

Je m'aperçois qu'Alexandre n'a pas le lendemain le souvenir de la veille ; avant-hier,
avant de partir pour Versailles, je lui avais
donné de l'argent pour s'acheter en mon ab-
sence ce qui lui ferait plaisir ; le soir, à mon
retour, il me dit qu'il avait acheté une canne ;
il me la montre ; je lui demande combien elle
lui a coûté ; il ne s'en rappelle pas ; il en était
de même de petits gâteaux, il ne se ressou-
venait seulement pas de les avoir mangés. Il
semble que cet enfant n'existe moralement
que de réminiscence. Je viens de lui permettre d'aller, avec la portière de la maison, à Franconi, qu'il se faisait une fête de
voir ; bien entendu que je me suis d'avance

assuré par lui-même en état magnétique, qu'il ne serait ni effrayé, ni trop ému de ce qu'il y pourrait voir. — Eh bien, il m'a dit qu'il allait bien s'y amuser, mais qu'il n'aurait demain aucun souvenir de tout ce qu'il y aurait vu. Il en est de même du Palais-Royal, des Tuileries, de la colonade du Louvre. La première fois qu'il vit cette admirable et si harmonique architecture, il s'écria : Ah ! que c'est beau ! c'est-là sûrement la demeure d'un roi? Le surlendemain, il repasse devant ce bel édifice, le considère en faisant les mêmes exclamations d'étonnement et d'admiration, et me demande de nouveau ce que c'est. Et M. Gall n'est pas curieux de voir et de questionner cet enfant, d'examiner si la perte de sa mémoire provient d'une compression ou diminution de la partie de son cerveau, reconnue par lui être dans toutes les têtes l'organe de cette belle faculté !

Une chose fort remarquable dans cet enfant, c'est que dans son état naturel, il perd le souvenir de tout ce qu'il a fait précédemment ; tandis qu'il se rappelle parfaitement dans l'état magnétique, du coup qu'il s'est donné à la tête à l'âge de 4 ans, de l'abcès qui s'y est formé, de l'opération qui lui en a

été faite, et de toutes les plus petites particularités enfin de sa vie ; mais il y a plus,
c'est qu'outre le souvenir qu'il conserve du
passé, il peut dans cet état encore percevoir
ou pressentir l'avenir à quinze, vingt jours,
et même six mois d'éloignement, au moins
en tout ce qui concerne son bien être et les
moyens à prendre pour le rétablissement de
sa santé... Mais quel rétablissement de santé
sera-ce ? Un état de végétation peut-être semblable à celui des brutes, qui, sans conscience
des choses, ne se les rappellent jamais qu'au
moment où elles viennent renouveler dans
leur cerveau le même ébranlement qu'elles y
avaient déjà causé.

Me voici cependant lié pour six mois à ce
petit être désorganisé, dont je ne puis que
faiblement me flatter d'améliorer l'existence.
Je suis nommé jury d'une cour extraordinaire
d'assise à Laon, pour le 1er de septembre. Il
faudra bien y conduire mon petit mannequin
ambulant, qui, fort gentil du reste, et fort
obéissant, ne me cause d'autre embarras au
fait, que celui d'avoir à l'observer et de veiller
sans cesse à ce que rien ne vienne arrêter ou
troubler l'effet de mes soins.

Je rentre à minuit, Alexandre n'est pas

encore couché ; il vient de me rendre compte avec beaucoup de suite et de gaîté de tout le plaisir qu'il a eu à Franconi ; les combats, des guerriers à cheval, Français, Espagnols, Polonais, un de ces derniers toujours vainqueur, l'a sur-tout beaucoup frappé ; la représentation ensuite de l'intérieur de la mine Beaujon, le désespoir des mères et les gémissemens de leurs enfans mourans, l'on fait, dit-il, pleurer à chaudes larmes… Je l'ai mis dans l'état magnétique, afin de m'assurer si les fortes émotions qu'il venait d'éprouver ne lui auraient point fait de mal ; il m'a fort assuré que non.

Ce qu'il demande et réitère souvent avec instance, c'est d'aller en voiture ; il dit que c'est le meilleur moyen d'avancer sa guérison ; je le menerai demain en cabriolet.

Le lundi 24.

Ce matin, Alexandre ne s'est pas rappelé le moins du monde du spectacle d'hier ; j'ai eu beau le mettre sur la voix, lui répéter ce qu'il m'avait conté ; il n'y a que le mot de Franconi seul dont il se ressouvienne ; mais il en cherche en vain la raison ; tout ce qu'il

a vu n'a pas plus laissé de trace dans son cerveau que n'en laissent dans le nôtre nos rêves
de la nuit.

Je rentre à minuit. Il y a deux heures, me
dit-on, qu'Alexandre est dans un sommeil
léthargique et profond : on m'a cherché dans
différens endroits lorsque sa crise a com-
mencé à dix heures.

Voici ce qui s'est passé :

Les jeunes apprentis du pâtissier, M. Be-
naut, propriétaire de la maison où je demeure, joints aux enfans de la portière, et
la portière elle-même, avaient d'abord parlé
fort tranquillement entre eux du spectacle de
Franconi ; mais s'étant bien vîte aperçus aux
discours et aux questions d'Alexandre que ce
pauvre petit n'en avait plus nulle idée, ils
n'avaient pu s'empêcher d'en rire et de l'en
plaisanter. Le petit garçon, qui n'est ni sot,
ni trop endurant, s'était senti blessé, humi-
lié, et dès ce moment, très-probablement,
l'effet de sa honte avait été d'affecter dou-
loureusement son cerveau ; car il était devenu triste, et s'était assis sans rien dire ;
bientôt on lui vit faire des grimaces et des
niaiseries, comme en font les insensés, et
peu après, il avait dit des sottises et des in-

jures à tout le monde, auxquelles on n'avait pas plutôt répondu, qu'il était tombé dans un accès de frénésie épouvantable.

Un des garçons pâtissiers, très-fort et très-robuste, et qui fort heureusement ignorait le danger qu'il courait pour lui-même, s'était alors emparé de lui, et l'avait si bien contenu par le col de son habit, que l'enfant n'avait pu le mordre, et s'était trouvé forcé de lui céder ; alors il avait crié plusieurs fois de l'eau, à boire, de l'eau ; que l'on s'était empressé de lui donner (ce fut même dans une cuiller à pot), et c'était après l'avoir bue avec une extrême avidité, qu'il était tombé entre les bras de son vaillant préservateur, dans le sommeil profond où je l'avais trouvé.

Du moment que j'ai eu dirigé sur lui mon action magnétique, il a relevé doucement sa tête, et a pu me parler. — Qu'avez-vous donc éprouvé, Alexandre ? — Une attaque de mon mal. — Vous ne deviez pas en avoir ? — Non, mais ils se sont moqués de moi. — C'est être trop susceptible, mon ami ; il est tout simple que l'on soit étonné, et que l'on ait ris de votre manque de mémoire. — Cela m'a fait de la peine. — A présent, je suis sûr que vous pourriez leur rendre compte du spectacle de Franconi aussi bien qu'eux. Cette attaque que vous venez d'avoir aura-t-elle des suites fâcheuses pour vous ? — Non, parce que j'ai bu de l'eau. — Allons, tant mieux ; je l'ai pris alors par le bras, lui ai fait monter tout endormi les escaliers, et lorsqu'il a été dans sa chambre, il s'y est éveillé.

Mercredi 26.

J'ai conduit hier Alexandre chez **M. Pinel** ; les succès nombreux et les journalières observations de ce médecin célèbre sur les maladies du genre de celle de mon petit malade, ne me laissaient pas de doute qu'il ne le vît avec intérêt ; **M.** le docteur Pinel, auquel j'avais mandé précédemment le but de ma visite, m'a fait en effet des remercîmens de la peine que j'avais prise de lui venir offrir le spectacle d'un phénomène qu'il était depuis long-temps curieux de constater. J'ai lu vos ouvrages avec beaucoup d'intérêt, m'a-t-il dit, et j'y ai trouvé des faits qui, par leur similitude avec beaucoup de ceux que j'ai été dans le cas d'observer, m'ont paru digne d'attention ; quant à me prononcer sur des moyens ou des procédés nouveaux de guérison, tels que ceux que vous employez, vous devez sentir qu'un médecin honoré de la confiance publique, et chargé en chef de la direction d'un hôpital aussi important que celui-ci, ne peut ni ne doit se permettre de manifester son opinion sur un objet de cette importance, avant de s'être acquis le droit de la soutenir et de la justifier. Que j'approuve et que je loue, monsieur le docteur, lui ai-je dit, votre prudence et votre circonspection ! la vérité dont je suis l'apôtre, ne peut être généralement appréciée qu'après avoir été long-temps méditée en silence par des observateurs tels que vous.

Après avoir fait à M. Pinel le récit de la maladie du petit Hébert, je le lui ai présenté ; il a palpé sa tête, et a reconnu la cicatrice restante de l'opération qu'il y a subie ; j'ai ensuite magnétisé l'enfant, qui, du moment qu'il a été dans l'état magnétique, a répété ses réponses ordinaires, et notamment qu'il lui avait été enlevé de la cervelle.

Je ne sais, m'a dit M. Pinel, jusqu'à quel point je puis ajouter foi aux visions somnambuliques de cet enfant, n'ayant point vu assez de faits de ce genre pour prendre à leur égard une opinion arrêtée. Tout ce dont je puis seulement vous assurer, c'est que d'après les observations de Messieurs tels et tels (je ne me rappelle pas le nom des anatomistes qu'il m'a cité), il est aujourd'hui fort bien prouvé qu'un homme peut vivre avec une partie de sa cervelle enlevée ; tant pis pour les systèmes qui ne s'accorderaient pas avec ce fait avéré.

M. Pinel m'a invité, lorsque je serai de retour à Paris cet hiver, à aller voir les fous et les aliénés de son hôpital, afin d'essayer sur quelques-uns d'entre eux le pouvoir de l'influence magnétique. Je l'ai prévenu qu'en me rendant avec plaisir à son invitation, je ne ferais d'essai que sur ceux dont l'irritabilité nerveuse ne serait ni complète, ni continuelle ; persuadé, lui ai-je dit, que lorsque les paroxismes de ces maladies sont tels, qu'ils ont changé l'habitude ou dérangé totalement l'harmonie de l'organisation, il n'y a plus alors de force humaine capable de la rétablir.

La promenade d'Alexandre en cabriolet, ces deux jours-ci, lui a fait beaucoup de bien. Mais quelle mobilité ! quelle susceptibilité ! La plus légère mortification, la plus petite moquerie, provoquées par son innocente étourderie, l'exposeraient sans cesse à des rechutes de démence ou de frénésie, si je ne l'étudiais et ne l'observais du matin au soir. Aussi, du moment que je l'entends, ou qu'on vient me dire lui avoir entendu tenir un mauvais propos, bien certain que dès-lors sa raison s'altère, je le mets bien vîte en somnambulisme, et c'est ainsi que je préviens, en le magnétisant, tous les accidens imprévus qui pourraient en résulter.

Jeudi 27.

Alexandre a été hier en demi-démence toute l'après-dînée. Je n'ai pu sortir de la soirée, vu qu'avant minuit, m'avait-il dit, il n'aurait pu s'endormir éloigné de moi, sans entrer aussitôt dans un somnambulisme déréglé, dans lequel il eût fait mille extravagances. Son accès terminé, il s'est mis au lit fort raisonnablement.

Il a eu des rêves effrayans cette nuit. A huit heures du matin, je lui ai vu la tête penchée hors de son lit et presque touchant à la terre. Après l'avoir relevé, mis dans l'état magnétique, je lui ai dit : Alexandre ? — Monsieur ? — Pourquoi donc avez-vous ainsi penché votre tête ? — C'est que je rêvais qu'on allait me la couper. — Mais c'est

un fort vilain rêve que celui-là ! — La fai-
blesse de ma tête, et le travail du magnétisme, en sont cause. — Est-ce un mal pour
vous que de rêver ainsi ? pouvons-nous aussi
vous en empêcher ? — Non ; je rêve toutes
les nuits ; cela ne peut pas être autrement.

Il aura des absences et des crises de démence jusqu'à quatre heures.

Je suis resté toute la journée chez moi
pour surveiller mon petit malade. La cause
de l'état dans lequel il a été pendant plus de
vingt-quatre heures, provient d'un coup de
balai qu'il a reçu, hier, d'un garçon pâtissier
auquel il avait fait une espiéglerie, probablement sans le savoir. A quatre heures, il m'a
dit, étant dans l'état magnétique : Dans cinq
minutes, il faudra me faire boire un peu
d'eau-de-vie. — Pourquoi ? — Cela m'est nécessaire, et fera cesser tout-à-fait ma folie. —
Vous croyez donc que l'eau-de-vie vous est
bonne ? — Oui, bonne à ma santé, car je ne
l'aime pas : mais à la fin de mes accès de folie il faudra toujours m'en donner. — Je suis
bien aise de vous entendre enfin ordonner
quelque chose pour votre santé ; car c'est la
première fois. — Ah ! quand j'aurai besoin
d'autre chose, je saurai bien vous le dire.

(86)

Par exemple, il me faudra bientôt du thé,
trois tasses par jour; mais ce n'est pas encore pour à présent; je le dirai quand il en
sera temps.

A Nanteuil-le-Haudoin, ce vendredi
28 août 1812.

Hier, Alexandre, après avoir bu son demi
petit verre d'eau-de-vie, a été plus calme et
plus raisonnable qu'à son ordinaire; lorsque
je suis rentré sur les dix heures, les habitans
de la maison, qui en avaient aussi fait la re-
marque, m'en ont témoigné leur surprise; il
a bien dormi, et s'est réveillé très-gaîment
ce matin à sept heures; les préparatifs de
mon départ l'ont ensuite occupé; il a fait ses
paquets et aidé à faire les miens, avec attention, présence d'esprit et un souvenir parfait
de tout ce dont il était nécessaire de s'occuper.

Partis de Paris sur les onze heures, nous
sommes arrivés à sept heures du soir à Nanteuil. Pendant notre route de treize lieues,
Alexandre n'a point cessé de m'entretenir de
ses petites réflexions et observations, et quoique sa conversation, comme on doit bien le
croire, ne se portât que sur des sujets fort

ordinaires, tels que les évènemens de son enfance, les détails de l'intérieur de sa famille, et ceux de son éducation ; il s'est exprimé avec tant de sens et si peu d'enfantillage, que je le regardais souvent avec étonnement et l'écoutais de même. Est-ce qu'une goutte d'eau-de-vie, me disais-je, aurait pu produire en lui un si subit et si heureux changement !

Lorsqu'à huit heures du soir il a été dans l'état magnétique, je me suis empressé de lui témoigner ma surprise et ma joie de l'avoir vu si bien toute la journée. — Deux choses contribuent au bon état où je suis, m'a-t-il répondu ; le mouvement de la voiture et l'eau-de-vie que j'ai bue hier.—Quel genre de bien vous procurent-ils, mon petit ami ? — L'eau-de-vie me remet le sang, et la voiture le fait circuler, comme d'avoir été quatre jours de suite en cabriolet m'a été favorable. — En quoi donc ? — Cette crise de vouloir me casser la tête, que je devais avoir mercredi, ne sera plus que pour le lundi de l'autre semaine. — C'est donc un bien que ce retard ? — C'est signe que ma guérison s'avance. Son réveil subit et sans ma participation a mis fin à mes questions.

Il est dix heures moins un quart, il fait avec beaucoup de recueillement sa prière habituelle du soir, et il va se coucher.

A Busancy, le 30 août.

Nous sommes arrivés, hier 29, sur les trois heures à Busancy; Alexandre a été toute la journée dans le même état de bien-être que la veille. Monsieur le curé, sa servante, que l'enfant appelle sa bonne, et tous ceux qui l'ont vu, l'ont trouvé engraissé et mieux portant qu'avant son départ.

Ce matin il a été en croupe à cheval voir son père et sa mère à Soissons, et n'en est revenu que le soir. Je m'étais assuré d'avance qu'il ne lui arriverait aucun accident. Il rêvera beaucoup cette nuit, m'a-t-il dit; mais je ne dois pas m'en inquiéter.

A Laon, le 31, à neuf heures du soir.

J'ai voulu ce matin, à Busancy, éveiller Alexandre à huit heures, et comme il ne m'entendait pas l'appeler, je l'ai secoué plusieurs fois dans son lit par le bras, ce qui n'a fait que l'agiter; voyant cela, je l'ai magnétisé; lorsqu'il a été dans l'état magnétique, il m'a dit : Il ne faut pas me secouer comme vous venez de le faire, cela me donnerait une attaque de mon mal. — Eh! comment donc vous réveiller?—Tenez, vous n'avez qu'à me toucher seulement comme cela (et avec son doigt par - dessus sa couverture, il n'a fait qu'effleurer sa cuisse), cela suffira.

J'ai trouvé Alexandre, dans notre voyage de Busancy à Laon, moins bien qu'hier; il n'avait ni la même raison, ni la même suite d'idées. Je présume qu'on lui aura fait de la peine à Busancy, ou causé quelques contra-riétés ; c'est ce que je saurai de lui demain, afin de remédier, si cela est nécessaire, au mal qui lui en pourrait résulter.

N'ayant pas de cabinet dans l'auberge où je suis descendu, j'ai fait mettre un lit de sangle pour mon petit garçon dans ma cham-bre; il vient de se coucher et dort déjà fort paisiblement.

Je ne sais trop comment je vais allier mes devoirs de juré avec la surveillance presque continuelle qu'exige de ma part le traitement d'Alexandre. Je serai souvent, je crois, fort embarrassé, ne voulant sur-tout faire part à qui que ce soit de la maladie de cet enfant. Heureusement sa mobilité magnétique est extrême, et tous ses accidens si bien prévus, que je pourrai toujours le secourir, j'espère, en le faisant tenir à portée de moi, sans que personne s'aperçoive de ce que je ferai.

Je suspends ici le journal du traitement d'Alexandre, et je continuerai ainsi, mois par mois, d'en publier tous les détails. Cet enfant guérira-t-il ou ne guérira-t-il pas? Et dans le cas où il ne serait plus sujet à des accès de démence et de frénésie, récupérera-t-il la mémoire, ou en restera-t-il privé pour sa vie? C'est ce que l'avenir seul éclaircira; car malgré ma confiance aux annonces des somnambules magnétiques, et la longue expérience que j'ai de la lucidité de leur vision sur ce qui les concerne, je ne pourrai jamais répondre que quelques causes secondes qu'ils n'auront pas prévues, ne viennent inopinément déranger l'accomplissement de leurs pronostics. Toujours est-il, quoiqu'il en arrive, que, jusqu'à présent, j'ai préservé le petit Hébert de la mort, qu'il se fût immanquablement donnnée dans ses accès de rage et de frénésie; qu'à chaque fois qu'ils ont voulu reparaître, je les ai atténués et neutralisés, même au point d'en arrêter l'explosion ; que si donc rien ne

s'oppose à ce que je puisse toujours produire
sur cet enfant les mêmes salutaires effets, il
en doit nécessairement résulter la cessation
totale de ses maux; et lorsque je pense à
toutes les difficultés qui se rencontrent et se
rencontreront sans cesse, à ce que le magnétisme puisse être habituellement et efficace-
ment appliqué au traitement des maladies vi-
ves et chroniques ordinaires, par la presque
impossibilité qu'il y aura toujours de trouver
des magnétiseurs assez libres et persévérans,
et des malades assez dociles et confians pour
concourir mutuellement à en assurer le succès. Quel satisfaisant espoir le traitement du
petit Alexandre ne me donne-t-il pas! Que
dans les hôpitaux au moins, et dans toutes
les maisons où l'on prend soin des fous et des
aliénés, ce puissant moyen de guérison puisse
être un jour avantageusement employé à rendre à l'Etat des sujets utiles, et à leurs parens
des êtres dignes encore de leur estime, de
leur confiance et de leur amitié.

www.ingramcontent.com/pod-product-compliance
Ingram Content Group UK Ltd.
Pitfield, Milton Keynes, MK11 3LW, UK
UKHW021748090726
13657UKWH00002B/995